Springer-Lehrbuch

Jürgen Zierep · Karl Bühler

Strömungsmechanik

Mit 120 Abbildungen

Springer-Verlag
Berlin Heidelberg NewYork
London Paris Tokyo
Hong Kong Barcelona Budapest

Prof. Dr.-Ing., Dr. techn. E. h. Jürgen Zierep
Prof. Dr.-Ing. habil. Karl Bühler

Institut für Strömungslehre und Strömungsmaschinen
Universität Karlsruhe
Kaiserstraße 12
W-7500 Karlsruhe 1

Die Deutsche Bibliothek – CIP-Einheitsaufnahme
Zierep, Jürgen:
Strömungsmechanik / Jürgen Zierep ; Karl Bühler.
Berlin ; Heidelberg ; New York ; London ; Paris ;
Tokyo ; Hong Kong ; Barcelona ; Budapest : Springer, 1991
 (Springer-Lehrbuch)

ISBN 978-3-540-53827-1   ISBN 978-3-642-88296-8 (eBook)
DOI 10.1007/978-3-642-88296-8

NE: Bühler, Karl:

Dieses Werk ist urheberrechtlich geschützt. Die dadurch begründeten Rechte, insbesondere die der Übersetzung, des Nachdrucks, des Vortrags, der Entnahme von Abbildungen und Tabellen, der Funksendung, der Mikroverfilmung oder der Vervielfältigung auf anderen Wegen und der Speicherung in Datenverarbeitungsanlagen, bleiben, auch bei nur auszugsweiser Verwertung, vorbehalten. Eine Vervielfältigung dieses Werkes oder von Teilen dieses Werkes ist auch im Einzelfall nur in den Grenzen der gesetzlichen Bestimmungen des Urheberrechtsgesetzes der Bundesrepublik Deutschland vom 9. September 1965 in der jeweils geltenden Fassung zulässig. Sie ist grundsätzlich vergütungspflichtig. Zuwiderhandlungen unterliegen den Strafbestimmungen des Urheberrechtsgesetzes.

© Springer-Verlag Berlin Heidelberg 1991

Die Wiedergabe von Gebrauchsnamen, Handelsnamen, Warenbezeichnungen usw. in diesem Buch berechtigt auch ohne besondere Kennzeichnung nicht zu der Annahme, daß solche Namen im Sinne der Warenzeichen- und Markenschutz-Gesetzgebung als frei zu betrachten wären und daher von jedermann benutzt werden dürften.

Sollte in diesem Werk direkt oder indirekt auf Gesetze, Vorschriften oder Richtlinien (z.B. DIN, VDI, VDE) Bezug genommen oder aus ihnen zitiert worden sein, so kann der Verlag keine Gewähr für Richtigkeit, Vollständigkeit oder Aktualität übernehmen. Es empfiehlt sich, gegebenenfalls für die eigenen Arbeiten die vollständigen Vorschriften oder Richtlinien in der jeweils gültigen Fassung hinzuzuziehen.

Satz: Reproduktionsfertige Vorlage der Autoren
Offsetdruck: Druckhaus Langenscheidt KG, Berlin; Bindearbeiten: Lüderitz & Bauer, Berlin
60/3020 543210 – Gedruckt auf säurefreiem Papier

Vorwort

Das vorliegende Buch ist eine erweiterte Darstellung unseres gleichnamigen Beitrages in der völlig neubearbeiteten "Grundlagen-HÜTTE"[1]. Unser Buch verfolgt ein ähnliches Ziel wie der Handbuchartikel. Wir wollen sowohl dem Lernenden, als auch dem Lehrenden und dem in der Praxis tätigen Ingenieur eine komprimierte Fassung der Strömungsmechanik in die Hand geben, die den jeweiligen Leserkreis befähigt, dieses Gebiet zu lernen, zu lehren und bei der Behandlung technischer Anwendungen zu gebrauchen. Hierzu muß jedoch einschränkend das Folgende gesagt werden.

Das Buch ist schon auf Grund seines Umfanges kein Lehrbuch im *herkömmlichen* Sinn. Der Leser muß zu Papier und Bleistift greifen, um die oft nur angedeuteten Herleitungen nachzuvollziehen. Die angegebene Literatur wird ihm dabei nützlich sein. Soweit es der Umfang zuläßt, sind erläuternde Beispiele bis zum Zahlenergebnis behandelt, um den allgemeinen Sachverhalt zu verdeutlichen.

Im Aufbau unterscheidet sich unsere Darstellung von anderen Büchern über diesen Gegenstand. Wir stellen die Kennzahlen als ordnendes Prinzip obenan und betrachten zu Beginn stets nur den Einfluß einer dieser Größen. Wir beginnen mit dem Studium reibungsfreier und reibungsbehafteter Strömungen eines inkompressiblen Mediums. Hier ist also der Reynolds-Zahleinfluß entscheidend. Anschließend behandeln wir kompressible, reibungsfreie Strömungen, also das, was gemeinhin mit Gasdynamik bezeichnet wird. Hier ist die Mach-Zahl der wichtige Parameter. In einem Schlußkapitel werden anhand von Beispielen Mach-

---

[1] Czichos, H. (Hrsg.): HÜTTE Die Grundlagen der Ingenieurwissenschaften, 29. Aufl. Berlin, Heidelberg: Springer 1989

und Reynolds-Zahleinflüsse und ihre Wechselwirkungen diskutiert. Diese Vorgehensweise scheint uns didaktisch geboten zu sein. In den Vorlesungen wie in den technischen Anwendungen geht es stets um eine *Reduktion* der physikalischen Parameter und um eine anschließende Diskussion des Einflusses derselben. Man täusche sich nicht! Oft ist schon die Abhängigkeit von nur *einer* solchen Größe kompliziert genug - man denke etwa nur an die Abhängigkeit von Widerstand und Auftrieb von der Reynolds-Zahl!

Hier war es unser Anliegen, dem Leser eine klare, übersichtliche und nützliche Darstellung in die Hand zu geben. Wir würden uns freuen, wenn das vorliegende Buch, das sich aufgrund seiner Konzeption an einen breiten Benutzerkreis wendet, eine entsprechende Resonanz finden würde.

Wir danken dem Springer-Verlag für die Anregung zur Veröffentlichung dieses Buches, weiterhin für die hocherfreuliche Zusammenarbeit und für die vorzügliche Drucklegung.

Karlsruhe, 1990 	Jürgen Zierep, Karl Bühler

Inhaltsverzeichnis

1 **Einführung in die Strömungsmechanik**   1
  1.1 Eigenschaften von Fluiden   1
  1.2 Newtonsche und nicht-newtonsche Medien   5
  1.3 Hydrostatik und Aerostatik   6
  1.4 Gliederung der Darstellung   8

2 **Hydrodynamik**   9
  2.1 Eindimensionale reibungsfreie Strömungen   9
      2.1.1 Grundbegriffe   9
      2.1.2 Grundgleichungen der Stromfadentheorie .   11
      2.1.3 Anwendungsbeispiele   14
  2.2 Zweidimensionale reibungsfreie, inkompressible Strömungen   23
      2.2.1 Kontinuität   23
      2.2.2 Eulersche Bewegungsgleichungen   23
      2.2.3 Stationäre ebene Potentialströmungen . .   24
      2.2.4 Anwendungen elementarer und zusammengesetzter Potentialströmungen   26
      2.2.5 Stationäre räumliche Potentialströmung .   37
  2.3 Reibungsbehaftete inkompressible Strömungen . .   38
      2.3.1 Grundgleichungen für Masse, Impuls und Energie   38
      2.3.2 Kennzahlen   39
      2.3.3 Lösungseigenschaften der Navier-Stokesschen Gleichungen   41
      2.3.4 Spezielle Lösungen für laminare Strömungen   42
      2.3.5 Strömungsmechanische Instabilitäten . . .   59
      2.3.6 Turbulente Strömungen   63
      2.3.7 Grenzschichttheorie   68
      2.3.8 Impulssatz   75

- 2.4 Druckverlust und Strömungswiderstand 82
  - 2.4.1 Durchströmungsprobleme 82
  - 2.4.2 Umströmungsprobleme 101
- 2.5 Strömungen in rotierenden Systemen 110

3 Gasdynamik 119
- 3.1 Erhaltungssätze für Masse, Impuls und Energie . 119
- 3.2 Allgemeine Stoßgleichungen 121
  - 3.2.1 Rankine-Hugoniot-Relation 123
  - 3.2.2 Rayleigh-Gerade 124
  - 3.2.3 Schallgeschwindigkeit 125
  - 3.2.4 Senkrechter Stoß 126
  - 3.2.5 Schiefer Stoß 130
  - 3.2.6 Busemann-Polare 132
  - 3.2.7 Herzkurve 134
- 3.3 Kräfte auf umströmte Körper 136
- 3.4 Stromfadentheorie................... 139
  - 3.4.1 Lavaldüse 140
- 3.5 Zweidimensionale Strömungen 147
  - 3.5.1 Kleine Störungen, $M_\infty \gtrless 1$ 148
  - 3.5.2 Transformation auf Charakteristiken ... 152
  - 3.5.3 Prandtl-Meyer-Expansion 155
  - 3.5.4 Düsenströmungen 156
  - 3.5.5 Profilumströmungen 160
  - 3.5.6 Transsonische Strömungen 162

4 Gleichzeitiger Viskositäts- und Kompressibilitätseinfluß 171
- 4.1 Eindimensionale Rohrströmung mit Reibung ... 171
- 4.2 Kugelumströmung, Naumann-Diagramm für c_W . 175
- 4.3 Grundsätzliches über die laminare Plattengrenzschicht 175
- 4.4 (M, Re)-Ähnlichkeit in der Gasdynamik 181
- 4.5 Auftriebs- und Widerstandsbeiwerte aktueller Tragflügel 184
- 4.6 Grundsätzliches über reale Gaseffekte 189

Bezeichnungen	198
Literatur	203
Namen- und Sachverzeichnis	216

1 Einführung in die Strömungsmechanik

1.1 Eigenschaften von Fluiden

Strömungsvorgänge werden allgemein durch die Geschwindigkeit $\boldsymbol{w} = (u, v, w)$, Druck p, Dichte ρ und Temperatur T als Funktion von (x, y, z, t) beschrieben. Die Bestimmung dieser Größen geschieht mit den Erhaltungssätzen für Masse, Impuls und Energie sowie mit einer Zustandsgleichung für den thermodynamischen Zusammenhang zwischen p, ρ und T des Strömungsmediums (Fluids). Vier ausgezeichnete Zustandsänderungen sind in Bild 1.1 dargestellt. Welche Zustandsänderung eintritt, hängt von den Stoffeigenschaften und dem Verlauf der Strömung ab.

Dichte

Bei Gasen ist die Dichte $\rho = \rho(p, T)$ von Druck und Temperatur abhängig. Für ideale Gase gilt die thermische Zustandsgleichung $p = \rho R_i T$, wobei R_i die *spezielle Gaskonstante* des Stoffes i ist. Sind p_0, ρ_0, T_0 als Bezugswerte bekannt, so gilt der Zusammenhang

$$\frac{\rho}{\rho_0} = \frac{p}{p_0} \cdot \frac{T_0}{T}. \tag{1.1}$$

Die Dichte ändert sich bei Gasen also proportional zum Druck und umgekehrt proportional zur Temperatur.

Für Luft gelten die Werte $p_0 = 1$ bar, $T_0 = 273, 16$ K, $\rho_0 = 1, 275$ kg/m^3. Für die Abhängigkeit von der Strömungsgeschwindigkeit folgt aus der Beziehung (3.40) der Zusammenhang

$$\frac{\Delta \rho}{\rho} \approx \frac{M^2}{2}. \tag{1.2}$$

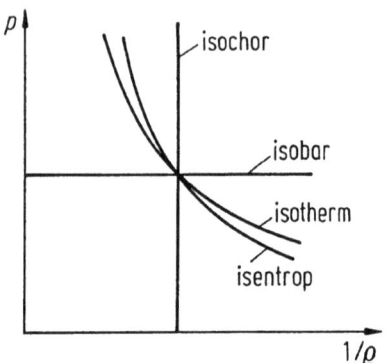

Bild 1.1. Thermodynamische Zustandsänderungen in der $(p, 1/\rho)$ - Ebene

Die Mach-Zahl $M = w/a$ ist der Quotient aus Strömungs- und Schallgeschwindigkeit eines Mediums. Nach der Beziehung (3.15) ergibt sich die Schallgeschwindigkeit in Luft zu $a = 347$ m/s bei $T = 300$ K. Damit folgt die relative Dichteänderung $\Delta\rho/\rho \leq 0{,}01$ für $M \leq 0{,}14$ und $w \leq 49$ m/s. Bei geringen Geschwindigkeiten können deshalb Strömungsvorgänge in Gasen als inkompressibel betrachtet werden. Bei Flüssigkeiten ist die Dichte nur wenig von der Temperatur abhängig und der Druckeinfluß ist vernachlässigbar klein. Es gilt damit

$$\frac{\rho}{\rho_0} \approx \text{const.} \tag{1.3}$$

Flüssigkeiten sind damit als inkompressibel zu betrachten. Inkompressible Strömungsvorgänge entsprechen in Bild 1.1 einer isochoren Zustandsänderung. In der Tabelle 1.1 sind Zahlenwerte für die Dichte von Luft und Wasser für verschiedene Temperaturen zusammengestellt [1], [2].

Eigenschaften von Fluiden

Tabelle 1.1 Stoffdaten für Luft und Wasser als Funktion der Temperatur beim Bezugsdruck $p_0 = 1$ bar [1], [2]

Luft:			
ϑ in °C	ρ in kg/m^3	η in μPa·s	ν in mm^2/s
-20	1,376	16,07	11,68
0	1,275	17,10	13,41
20	1,188	18,10	15,23
40	1,112	19,06	17,14
60	1,045	20,00	19,13
80	0,986	20,91	21,20
100	0,933	21,79	23,35
200	0,736	25,88	35,16
500	0,451	35,95	79,80
Wasser:			
ϑ in °C	ρ in kg/m^3	η in mPa·s	ν in mm^2/s
0	999,8	1,793	1,793
10	999,8	1,317	1,317
20	998,4	1,010	1,012
40	992,3	0,655	0,660
60	983,1	0,467	0,475
80	971,5	0,356	0,366
90	965,0	0,316	0,328

Viskosität

Flüssigkeiten und Gase haben die Eigenschaft, daß bei Formänderungen durch Verschieben von Fluidelementen ein Widerstand zu überwinden ist. Die Reibungskraft durch die Schubspannungen zwischen den Fluidelementen ist nach Newton direkt proportional

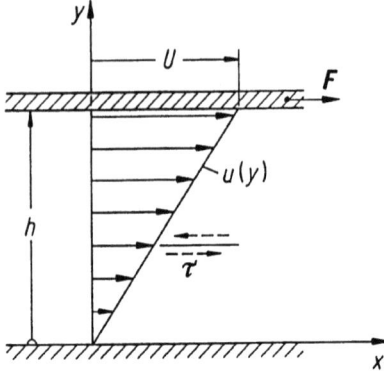

Bild 1.2. Scherströmung im ebenen Spalt

dem Geschwindigkeitsgradienten. Für die in Bild 1.2 dargestellte ebene laminare Scherströmung ergibt sich mit der auf die Fläche A bezogenen Kraft $\mathbf{F}$ die Schubspannung

$$\tau = \frac{F}{A} = \eta \frac{du}{dy} = \eta \frac{U}{h}. \tag{1.4}$$

Der Proportionalitätsfaktor wird als *dynamische Viskosität* η bezeichnet. η ist stark von der Temperatur abhängig, während der Druckeinfluß vernachlässigbar gering ist, d.h., $\eta(T,p) \approx \eta(T)$. Als abgeleitete Stoffgröße ergibt sich die *kinematische Viskosität* ν:

$$\nu = \frac{\eta}{\rho}. \tag{1.5}$$

Bei Gasen steigt die Viskosität mit der Temperatur an, während bei Flüssigkeiten die Viskosität mit steigender Temperatur abnimmt. Für diese Abhängigkeiten gelten formelmäßige Zusammenhänge [1]. Für Gase gilt die Beziehung:

$$\frac{\eta}{\eta_0} = \frac{T_0 + T_S}{T + T_S} \left(\frac{T}{T_0}\right)^{3/2} \approx \left(\frac{T}{T_0}\right)^{\omega}. \tag{1.6}$$

Die Bezugswerte für Luft bei $p_0 = 1$ bar sind $T_0 = 273{,}16$ K, $\eta_0 = 17{,}10$ µPa·s und $T_S = 122$ K ist die Sutherland-Konstante.

Für Flüssigkeiten gilt im Bereich $0 < \vartheta < 100°C$ die Beziehung

$$\frac{\eta}{\eta_0} = \exp\left(\frac{T_A}{T + T_B} - \frac{T_A}{T_B + T_0}\right). \tag{1.7}$$

Für Wasser gelten die Konstanten $T_A = 506$ K, $T_B = -150$ K und beim Druck $p_0 = 1$ bar die Bezugswerte $T_0 = 273{,}16$ K und $\eta_0 = 1{,}793$ mPa·s.
In Tabelle 1.1 sind für Luft und Wasser Zahlenwerte für ρ, η und ν in Abhängigkeit von der Temperatur ϑ zusammengestellt.
Für andere Medien sind Daten der Stoffeigenschaften einschlägigen Tabellenwerken [3], [4] zu entnehmen.
Die Verallgemeinerung des nach Newton benannten Ansatzes (1.4) auf mehrdimensionale Strömungen führt zum allgemeinen Spannungstensor [5].

1.2 Newtonsche und nicht-newtonsche Medien

Newtonsche Medien sind dadurch ausgezeichnet, daß die Viskosität unabhängig von der Schergeschwindigkeit ist. In Bild 1.3 ist dieses Verhalten durch einen linearen Zusammenhang zwischen der Schubspannung τ und der Schergeschwindigkeit $D = du/dy$ gekennzeichnet. Bei nicht-newtonschen Medien besteht dagegen ein nichtlinearer Zusammenhang zwischen der Schubspannung und der Schergeschwindigkeit. Die dynamische Viskosität η ist dann von der Schergeschwindigkeit D abhängig. Der Zusammenhang $\eta(D)$ wird als Fließkurve bezeichnet. Steigt die Viskosität mit der Schergeschwindigkeit an, so wird das Verhalten als *dilatant* bezeichnet, während ein Abfall der Viskosität als *pseudoplastisches Verhalten* bezeichnet wird. Ändert sich bei einer konstanten Scherbeanspruchung die Viskosität mit der Zeit, dann wird das Verhalten mit steigender Viskosität als *rheopex* und bei abfallender Viskosität als *thixotrop* bezeichnet. Das Strömungsverhalten nicht-newtonscher Medien ist in [6], [7] umfassend dargestellt. Die rheologischen Begriffe sind in [8] definiert.

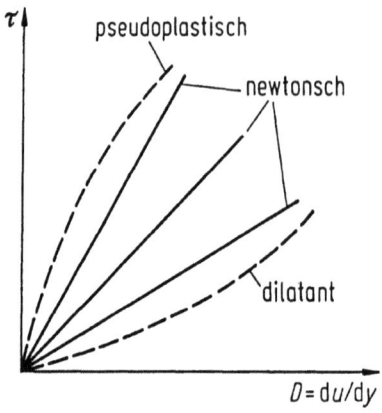

Bild 1.3. Schubspannung als Funktion der Schergeschwindigkeit

1.3 Hydrostatik und Aerostatik

Das Verhalten der Zustandsgrößen im Ruhezustand ist der Gegenstand der Hydrostatik und der Aerostatik. Der Druck p ist eine skalare Größe. In Kraftfeldern gilt für die Druckverteilung die hydrostatische Grundgleichung [9]

$$\text{grad } p = \rho \boldsymbol{f} \qquad (1.8)$$

mit $\partial p/\partial x = \rho f_x$, $\partial p/\partial y = \rho f_y$ und $\partial p/\partial z = \rho f_z$. Die Änderung des Druckes ist damit gleich der angreifenden Massenkraft.

Hydrostatische Druckverteilung im Schwerefeld. Es wirkt die Massenkraft $\boldsymbol{f} = (0, 0, -g)$. Die Integration der hydrostatischen Grundgleichung $\mathrm{d}p/\mathrm{d}z = -\rho g$ liefert für Medien mit konstanter Dichte eine lineare Abhängigkeit für den Druckverlauf:

$$p(z) = p_1 - \rho g z. \qquad (1.9)$$

Der Druck nimmt ausgehend von p_1 bei $z = 0$ linear mit zunehmender Höhe z ab.

Archimedisches Prinzip. Ein im Schwerefeld in Flüssigkeit eingetauchter Körper erfährt einen Auftrieb, der gleich dem Gewicht der verdrängten Flüssigkeit ist.

Hydrostatik und Aerostatik

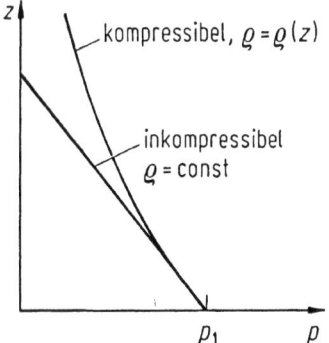

Bild 1.4. Druckverlauf in inkompressiblen und kompressiblen Medien

Druckverteilung in geschichteten Medien. Ändert sich die Dichte $\rho(z)$ mit der Höhe, so lautet für ein ideales Gas mit $p/\rho = R_i T$ die Bestimmungsgleichung (1.8) für den Druck:

$$\frac{dp}{p} = -\frac{g}{R_i} \cdot \frac{dz}{T}. \tag{1.10}$$

Für eine isotherme Gasschicht $T = T_0 =$ const folgen mit den Anfangswerten $p(z=0) = p_0, \rho(z=0) = \rho_0$ die Druck- und Dichteverteilungen zu

$$p(z) = p_0 \exp\left(-\frac{g}{R_i T_0} z\right) \tag{1.11}$$

$$\rho(z) = \rho_0 \exp\left(-\frac{g}{R_i T_0} z\right) \tag{1.12}$$

In einer isothermen Atmosphäre nehmen Druck und Dichte mit zunehmender Höhe exponentiell ab. Bild 1.4 zeigt den Druckverlauf als Funktion der Höhe z für ein inkompressibles Medium und für ein kompressibles Medium mit veränderlicher Dichte $\rho(z)$ bei isothermer Atmosphäre.

1.4 Gliederung der Darstellung: Nach Viskositäts- und Kompressibilitätseinflüssen

Die in der Realität auftretenden Strömungserscheinungen sind sehr vielfältig. Verschiedenartige physikalische Effekte erfordern unterschiedliche Beschreibungs- und Berechnungsmethoden. Wir betrachten hier zunächst Strömungen inkompressibler Medien ohne und mit Reibung (Kapitel 2), sodann untersuchen wir den Einfluß der Kompressibilität bei reibungsfreien Strömungen (Kapitel 3). In Kapitel 4 werden schließlich Vorgänge behandelt, bei denen Reibungs- und Kompressibilitätseffekte gleichzeitig bedeutsam sind. Begonnen wird jeweils mit eindimensionalen Modellen, die dann auf mehrere Dimensionen erweitert werden.

2 Hydrodynamik: Inkompressible Strömungen mit und ohne Viskositätseinfluß

2.1 Eindimensionale reibungsfreie Strömungen

2.1.1 Grundbegriffe

Man unterscheidet zwei Möglichkeiten zur Beschreibung von Stromfeldern. Mit der *teilchen- oder massenfesten Betrachtung* nach Lagrange folgen die Geschwindigkeiten w und Beschleunigung a aus der substantiellen Ableitung des Ortsvektors r nach der Zeit t:

$$\frac{\mathrm{d}r}{\mathrm{d}t} = w, \qquad \frac{\mathrm{d}^2 r}{\mathrm{d}t^2} = \frac{\mathrm{d}w}{\mathrm{d}t} = a. \qquad (2.1)$$

Nach der *Eulerschen Methode* wird die Änderung der Strömungsgrößen an einem festen Ort betrachtet. Die *zeitliche Änderung* des Teilchenzustandes $f(x,y,z,t)$ ergibt sich zu

$$\frac{\mathrm{d}f}{\mathrm{d}t} = \frac{\partial f}{\partial t} + w \cdot \mathrm{grad} f. \qquad (2.2)$$

Die *substantielle Änderung* setzt sich aus dem lokalen und dem konvektiven Anteil zusammen.
Teilchenbahnen werden von den Fluidteilchen durchlaufen. Für bekannte Geschwindigkeitsfelder w folgen die Teilchenbahnen aus (2.1) durch Integration. *Stromlinien* sind Kurven, die in jedem

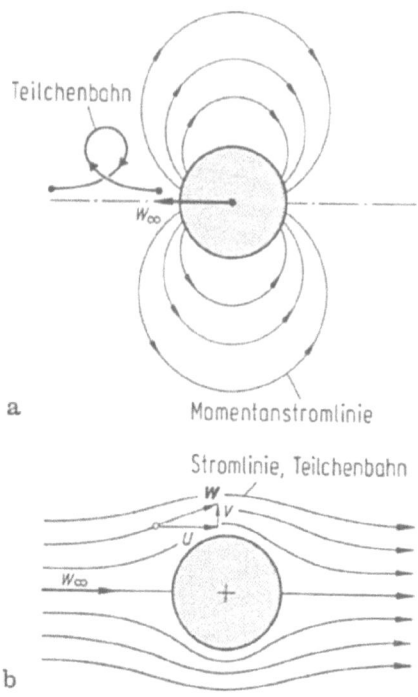

Bild 2.1. Zylinderumströmung. **a** bewegter Zylinder: instationäre Strömung; **b** ruhender Zylinder: stationäre Strömung

festen Zeitpunkt auf das Geschwindigkeitsfeld passen. Die Differentialgleichungen der Stromlinien lauten

$$\mathrm{d}x : \mathrm{d}y : \mathrm{d}z = u(x,y,z,t) : v(x,y,z,t) : w(x,y,z,t). \quad (2.3)$$

Bei *stationären Strömungen* ist die lokale Beschleunigung Null. Das Strömungsfeld ändert sich nur mit dem Ort, nicht jedoch mit der Zeit. Stromlinien und Teilchenbahnen sind dann identisch. Bei *instationären Strömungen* ändert sich das Strömungsfeld mit dem Ort und der Zeit. Stromlinien und Teilchenbahnen sind im allgemeinen verschieden. Durch die Wahl eines geeigneten Bezugssystems können instationäre Strömungen oft in stationäre Strömungen überführt werden. Zum Beispiel ist die Strömung eines in ruhender Umgebung bewegten Körpers in Bild 2-1a instationär. Wird dagegen der Körper festgehalten und mit konstanter Geschwindigkeit angeströmt, dann ist die Umströmung in Bild 2-1b stationär.

2.1.2 Grundgleichungen der Stromfadentheorie

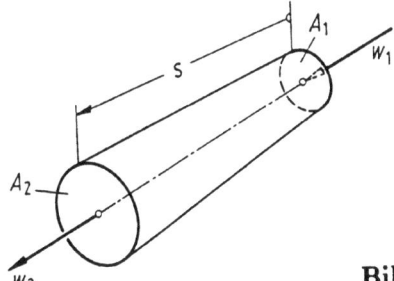

Bild 2.2. Stromfadendefinition

Ausgehend von der zentralen Stromlinie 1 → 2 in Bild 2.2 hüllen die Stromlinien durch den Rand der Flächen A_1 und A_2 eine Stromröhre ein. Ein Stromfaden ergibt sich aus der Umgebung einer Stromlinie, für die die Änderungen aller Zustandsgrößen quer zum Stromfaden sehr viel kleiner sind als in Längsrichtung. Die Zustandsgrößen sind dann nur eine Funktion der Bogenlänge s und der Zeit t [1].

Kontinuitätsgleichung. Der Massenstrom durch den von Stromlinien begrenzten Stromfaden in Bild 2.2 ist bei stationärer Strömung konstant.

$$\dot{m} = \rho \dot{V} = \rho_1 w_1 A_1 = \rho_2 w_2 A_2 = \text{const.} \quad (2.4)$$

Für inkompressible Medien ($\rho = \text{const}$) folgt hieraus die Konstanz des Volumenstromes $\dot{V}$.

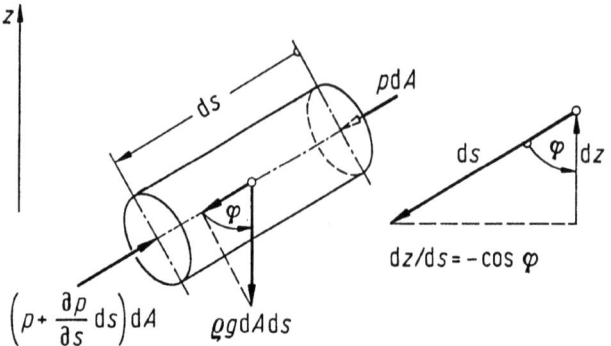

Bild 2.3. Kräftegleichgewicht in Stromfadenrichtung

Bewegungsgleichung. Mit dem Newtonschen Grundgesetz folgt aus dem Kräftegleichgewicht in Stromfadenrichtung s nach Bild 2.3 die *Eulersche Differentialgleichung*

$$\frac{dw}{dt} = \frac{\partial w}{\partial t} + w\frac{\partial w}{\partial s} = -\frac{1}{\rho}\cdot\frac{\partial p}{\partial s} - g\frac{\partial z}{\partial s}. \qquad (2.5)$$

Die Integration längs des Stromfadens $1 \to 2$ ergibt für inkompressible Strömungen die *Bernoulli-Gleichung*

$$\int_1^2 \frac{\partial w}{\partial t}ds + \frac{w_2^2 - w_1^2}{2} + \frac{p_2 - p_1}{\rho} + g(z_2 - z_1) = 0. \qquad (2.6)$$

Das Integral ist für stationäre Strömungen bei festem t längs des Stromfadens $1 \to 2$ auszuführen. Ändert sich die Geschwindigkeit mit der Zeit nicht, so ist $\partial w/\partial t = 0$, und es folgt aus (2.6) die *Bernoulli-Gleichung für stationäre Strömungen*:

$$\frac{w^2}{2} + \frac{p}{\rho} + gz = \text{const.} \qquad (2.7)$$

Bei stationärer Strömung entlang einem gekrümmten Stromfaden folgt für das Kräftegleichgewicht normal zur Strömungsrichtung

Eindimensionale reibungsfreie Strömungen

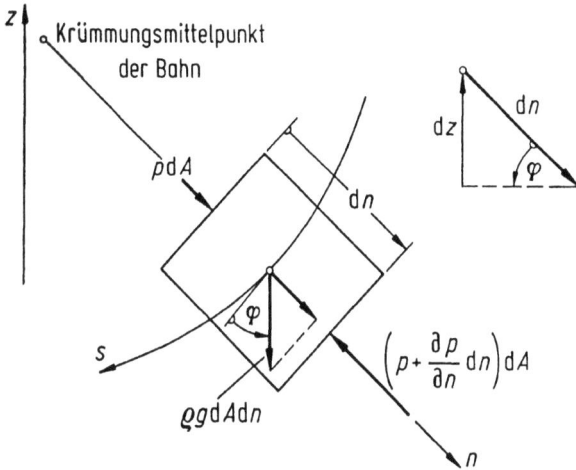

Bild 2.4. Kräftegleichgewicht senkrecht zum Stromfaden

s in Bild 2.4:

$$\frac{dw_n}{dt} = -\frac{w^2}{r} = -\frac{1}{\rho} \cdot \frac{\partial p}{\partial n} - g\frac{\partial z}{\partial n}. \qquad (2.8)$$

Hierbei ist r der lokale Krümmungsradius in Normalrichtung n. Erfolgt die Bewegung in konstanter Höhe z, so folgt aus (2.8) das Gleichgewicht zwischen Fliehkraft und Druckkraft. Hierbei steigt der Druck in radialer Richtung an.

Energiesatz. Wir betrachten ein reibungsbehaftetes Fluid im Kontrollraum zwischen den Querschnitten A_1 und A_2 des Stromfadens nach Bild 2.2. Die Energiebilanz bezogen auf den Massenstrom $\dot{m}$ lautet für das stationär durchströmte System [2]:

$$h_1 + \frac{1}{2}w_1^2 + gz_1 + q_{12} + a_{12} = h_2 + \frac{1}{2}w_2^2 + gz_2. \qquad (2.9)$$

Hierbei ist $h = e + p/\rho$ die spezifische Enthalpie, q_{12} die spezifische zugeführte Wärmeleistung und a_{12} die durch Reibung und mechanische Arbeit dem System von außen zugeführte spezifische

Leistung. Für Arbeitsmaschinen (Pumpen) ist $a_{12} > 0$ und für Kraftmaschinen (Turbinen) ist $a_{12} < 0$ definiert. Im Fall verschwindender Energiezufuhr über den Kontrollraum ist $q_{12} = 0$ und $a_{12} = 0$. Die innere Energie e ändert sich dann nur durch den irreversiblen Übergang von mechanischer Energie in innere Energie. Diese Dissipation bewirkt zugleich eine Temperaturerhöhung und kann als zusätzlicher Druckabfall (Druckverlust) interpretiert werden. Mit $\rho(e_2 - e_1) = \rho c_v (T_2 - T_1) = \Delta p_v$ lautet dann die Energiebilanz (2.9):

$$\frac{p_1}{\rho} + \frac{w_1^2}{2} + gz_1 = \frac{p_2}{\rho} + \frac{w_2^2}{2} + gz_2 + \frac{\Delta p_v}{\rho}. \qquad (2.10)$$

Für den Sonderfall reibungsfreier Strömungen ist $\Delta p_v = 0$ und die Energiebilanz unter den entsprechenden Voraussetzungen identisch mit der Bernoulli-Gleichung.

2.1.3 Anwendungsbeispiele

Bewegung auf konzentrischen Bahnen (Wirbel)

Die Bewegung verläuft nach Bild 2.5 mit kreisförmigen Stromlinien in der horizontalen Ebene. Bei rotationssymmetrischer Strömung sind Geschwindigkeit w und Druck p nur vom Radius r abhängig. Aus den Kräftebilanzen (2.7) und (2.8) folgen die Bestimmungsgleichungen

$$\frac{w^2}{2} + \frac{p}{\rho} = \text{const}, \qquad (2.11)$$

$$\frac{w^2}{r} = \frac{1}{\rho} \cdot \frac{dp}{dr}. \qquad (2.12)$$

Ist die Konstante in (2.11) für jede Stromlinie gleich, so liegt eine *isoenergetische Strömung* vor. Damit verknüpft die Bernoulli-Gleichung auch die Zustände der Stromlinien mit verschiedenen Radien. Mit der Vorgabe der Strömungszustände w_1 und p_1 auf dem Radius r_1 folgt aus (2.11) und (2.12) für die Geschwindigkeits- und Druckverteilung:

Eindimensionale reibungsfreie Strömungen 15

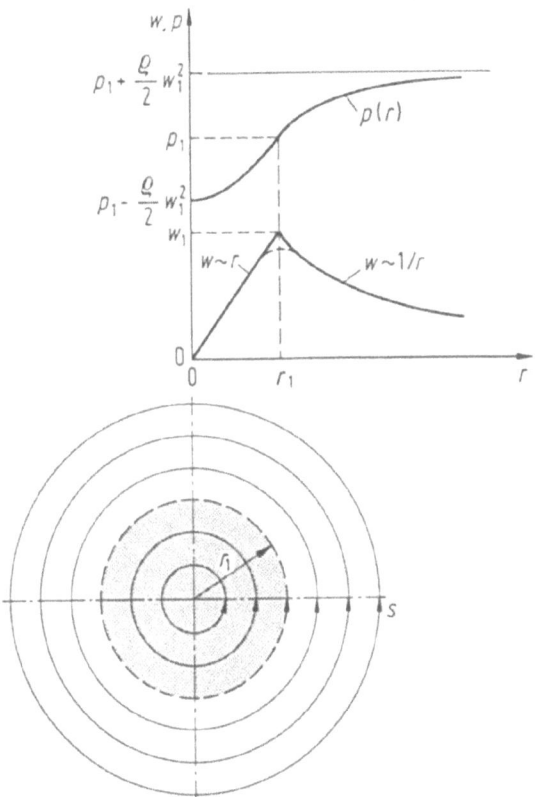

Bild 2.5. Bewegung auf Kreisbahnen (Stromlinien s), Geschwindigkeits- und Druckverteilung

$$w(r) = \frac{w_1 r_1}{r},$$
$$p(r) = p_1 + \frac{\rho}{2}w_1^2\left(1 - \frac{r_1^2}{r^2}\right). \qquad (2.13)$$

Diese Bewegung mit der hyperbolischen Geschwindigkeitsverteilung wird als *Potentialwirbel* bezeichnet. Druck und Geschwindigkeit variieren entgegengesetzt, was das Kennzeichen einer isoenergetischen Strömung ist. Um ein unbegrenztes Anwachsen der Geschwindigkeit zu vermeiden, beschränken wir die Lösung (2.13) auf den Bereich $r \geqq r_1$.

Im Bereich $r \leqq r_1$ rotiert das Medium stattdessen wie ein starrer Körper. Die Geschwindigkeitsverteilung und die dazugehörige Druckverteilung aus (2.12) ergeben sich mit der Winkelgeschwindigkeit $\omega = $ const zu

$$w(r) = \omega r = \frac{w_1}{r_1} r,$$
$$p(r) = p_1 + \frac{\rho}{2} w_1^2 \left(\frac{r^2}{r_1^2} - 1 \right). \tag{2.14}$$

Bei dieser Starrkörperrotation variieren Geschwindigkeit und Druck gleichsinnig. In Bild 2.5 ist die Geschwindigkeitsverteilung und die dazugehörige Druckverteilung für den Starrkörperwirbel im Bereich $r \leqq r_1$ und für den Potentialwirbel im Bereich $r \geqq r_1$ dargestellt. Im Wirbelzentrum bei $r = 0$ kann ein erheblicher Unterdruck auftreten.

Druckbegriffe und Druckmessung

Aus der Bernoulli-Gleichung (2.7) folgen die Druckbegriffe

$p = p_{\text{stat}}$ statischer Druck,

$\frac{1}{2}\rho w^2 = p_{\text{dyn}}$ dynamischer Druck .

Bei der Umströmung des Körpers in Bild 2.6a ohne Fallbeschleunigung gilt längs der Staustromlinie

$$p_\infty + \frac{1}{2}\rho w_\infty^2 = p + \frac{1}{2}\rho w^2 = p_0. \tag{2.15}$$

Der Druck p_0 im Staupunkt wird als *Ruhedruck* oder *Gesamtdruck* bezeichnet, womit der Zusammenhang $p_{\text{stat}} + p_{\text{dyn}} = p_{\text{ges}}$ gültig ist.

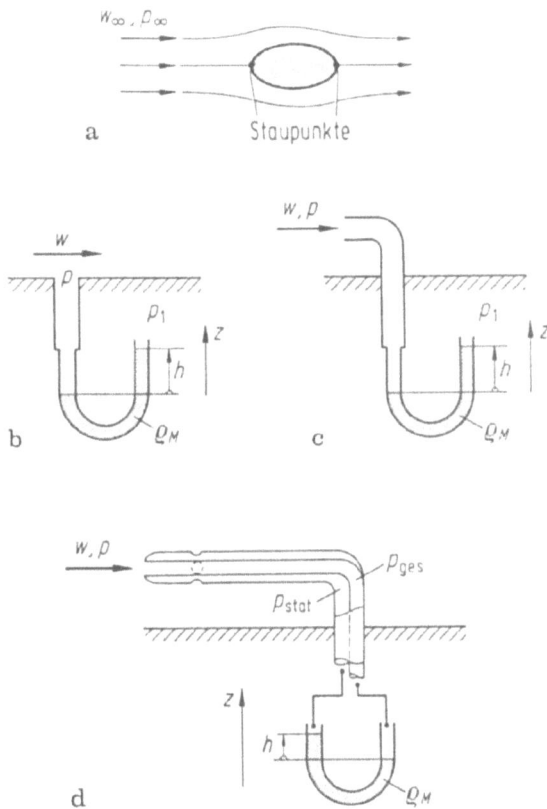

Bild 2.6. Druckmessung. **a** Körperumströmung, **b** Wandanbohrung, **c** Pitotrohr, **d** Prandtlsches Staurohr

Die Messung des statischen Druckes p kann mit einer Wandanbohrung senkrecht zur Strömungsrichtung nach Bild 2.6b erfolgen. Aus der Steighöhe im Manometer folgt mit dem Außendruck p_1 der statische Druck $p = p_1 + \rho_M g h$ unter der Voraussetzung, daß die Dichte ρ des Strömungsmediums sehr viel kleiner als die Dichte ρ_M der Meßflüssigkeit ist. Mit dem Pitotrohr (Bild 2.6c) wird durch den Aufstau der Strömung der Gesamt- oder Ruhe-

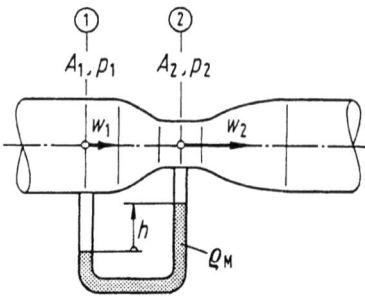

Bild 2.7. Venturirohr

druck $p_0 = p_1 + \rho_M g h$ gemessen. Der dynamische Druck p_{dyn} läßt sich aus der Differenz zwischen dem Gesamtdruck und dem statischen Druck mit dem *Prandtlschen Staurohr* (Bild 2.6d) ermitteln. Aus der Messung von $p_{\text{dyn}} = p_{\text{ges}} - p_{\text{stat}} = \rho_M g h$ folgt die *Strömungsgeschwindigkeit*

$$w = \sqrt{2 p_{\text{dyn}}/\rho}.$$

Venturirohr

Mit dem Venturirohr nach Bild 2.7 lassen sich Strömungsgeschwindigkeiten und Volumenströme in Rohrleitungen bestimmen. Aus der Kontinuitätsgleichung (2.4) und der Bernoulli-Gleichung (2.7) folgen die Beziehungen

$$\dot{V} = \frac{\dot{m}}{\rho} = w_1 A_1 = w_2 A_2,$$

$$\frac{w_1^2}{2} + \frac{p_1}{\rho} = \frac{w_2^2}{2} + \frac{p_2}{\rho}.$$

Die Geschwindigkeit im Querschnitt ② folgt hieraus zu

$$w_2 = \frac{1}{\sqrt{1 - \left(\dfrac{A_2}{A_1}\right)^2}} \sqrt{\frac{2}{\rho}(p_1 - p_2)} = \alpha \sqrt{\frac{2}{\rho}(p_1 - p_2)}. \quad (2.16)$$

Eindimensionale reibungsfreie Strömungen 19

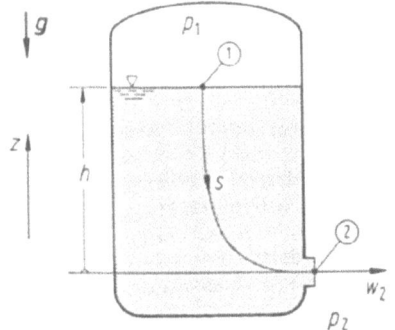

Bild 2.8. Ausströmen aus einem Behälter

Aus der Hydrostatik ergibt sich die Druckdifferenz $p_1 - p_2 = \rho_M g h$ unter der Voraussetzung $\rho \ll \rho_M$. Die Konstante α ist hier nur vom Flächenverhältnis A_2/A_1 abhängig. Bei realen Fluiden wird neben dem Flächenverhältnis auch der Reibungseinfluß durch diese als *Durchflußzahl* α bezeichnete Größe berücksichtigt. Experimentell ermittelte Werte von α sind für genormte Düsen in [3] enthalten.

Ausströmen aus einem Gefäß

Wir betrachten den Ausfluß einer Flüssigkeit der Dichte ρ aus dem Behälter in Bild 2.8 im Schwerefeld. Die Bernoulli-Gleichung (2.7) lautet für den Stromfaden von der Flüssigkeitsoberfläche ① bis zum Austritt ② :

$$\frac{w_1^2}{2} + \frac{p_1}{\rho} + gz_1 = \frac{w_2^2}{2} + \frac{p_2}{\rho} + gz_2.$$

Unter der Voraussetzung $A_1 \gg A_2$ folgt aus der Kontinuitätsbedingung, daß die Geschwindigkeit $w_1 = w_2 \cdot A_2/A_1$ vernachlässigbar klein ist. Die Ausflußgeschwindigkeit ergibt sich damit zu

$$w_2 = \sqrt{\frac{2}{\rho}(p_1 - p_2) + 2gh}. \qquad (2.17)$$

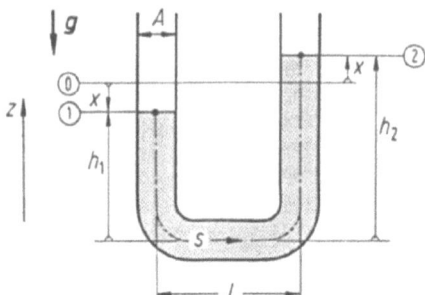

Bild 2.9. Schwingende Flüssigkeitssäule

Es sind zwei Sonderfälle interessant. Für $p_1 = p_2$ ist die Ausflußgeschwindigkeit $w_2 = \sqrt{2gh}$. Diese Beziehung wird als *Torricellische Formel* bezeichnet. Für $h = 0$ erfolgt der Ausfluß durch den Überdruck im Behälter gegenüber der Umgebung. Es folgt die Geschwindigkeit $w_2 = \sqrt{(2/\rho)(p_1 - p_2)}$.
Beispiel: Atmosphärische Bewegung. Bei einer Druckdifferenz von $p_1 - p_2 = 10$ hPa folgt für Luft mit der konstanten Dichte $\rho = 1{,}205$ kg/m^3 die Geschwindigkeit $w_2 = 40{,}7$ m/s $= 146{,}6$ km/h.

Schwingende Flüssigkeitssäule

Eine instationäre Strömung liegt bei der schwingenden Flüssigkeitssäule in einem U-Rohr nach Bild 2.9 vor. Bei konstantem Querschnitt A folgt aus der Kontinuitätsbedingung, daß die Geschwindigkeit $w_1 = w_2 = w(t)$ in der Flüssigkeit nur von der Zeit t, aber nicht vom Ort s abhängt. Die Auslenkung x der Flüssigkeitsoberflächen ist auf beiden Seiten gleich groß. Die Bernoulli-Gleichung (2.6) lautet dann für den Stromfaden s zwischen ① und ②:

$$\frac{w_1^2}{2} + \frac{p_1}{\rho} + gz_1 = \frac{w_2^2}{2} + \frac{p_2}{\rho} + gz_2 + \int\limits_1^2 \frac{\partial w}{\partial t} ds. \qquad (2.18)$$

Mit der Druckgleichheit $p_1 = p_2$ auf den beiden Flüssigkeitsoberflächen folgt

$$\frac{dw}{dt}\int_1^2 ds + g(h_2 - h_1) = 0. \tag{2.19}$$

Die Länge des Stromfadens ist $L = \int_1^2 ds \approx h_1 + l + h_2$ und die Geschwindigkeit folgt aus der zeitlichen Änderung der Oberflächenlage zu $w = dx/dt$. Aus (2.19) ergibt sich die Differentialgleichung

$$\frac{d^2 x}{dt^2} + 2g\frac{x}{L} = 0. \tag{2.20}$$

Die Lösung $x = x_0 \sin \omega t$ stellt eine harmonische Schwingung mit der Amplitude x_0 und der Kreisfrequenz $\omega = \sqrt{2g/L}$ dar.

Einströmen in einen Tauchbehälter

Der in Bild 2.10 dargestellte Tauchbehälter füllt sich langsam durch die Öffnung im Boden. Bei kleinem Querschnittsverhältnis, $A_2 \ll A_3$, ist die zeitliche Änderung der Geschwindigkeit längs des Stromfadens s ① → ② ebenfalls klein, so daß der Beschleunigungsterm in der Bernoulli-Gleichung (2.6) vernachlässigbar ist. Die Zeitabhängigkeit wird allein durch die zeitlich veränderlichen Randbedingungen berücksichtigt. Diese Strömung wird als *quasistationär* bezeichnet. Von ① nach ② gilt die Bernoulli-Gleichung (2.7). Bei ② strömt das Medium als Freistrahl in den Behälter. Der Druck im Strahl entspricht dem hydrostatischen Druck in der Umgebung: $p_2(t) = p_1 + \rho g z(t)$. Aus der Bernoulli-Gleichung folgt nun bei einer ruhenden Oberfläche mit $w_1 = 0$ die Geschwindigkeit im Eintrittsquerschnitt:

$$w_2(t) = \sqrt{2g(h - z(t))}. \tag{2.21}$$

Mit der Kontinuität des Volumenstromes zwischen ② und ③,

$$w_2(t) A_2 \, dt = A_3 \, dz,$$

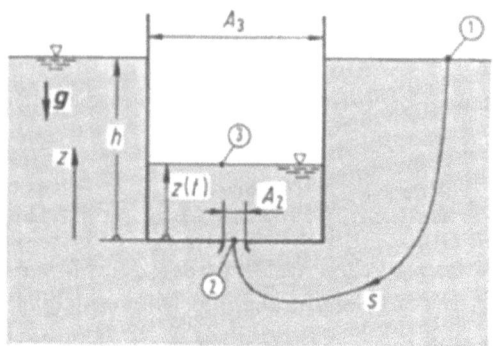

Bild 2.10. Einströmen in einen Tauchbehälter

folgt die Differentialgleichung

$$dt = \frac{A_1}{A_2} \cdot \frac{dz}{w_2(t)} = \frac{A_3}{A_2} \cdot \frac{dz}{\sqrt{2g(h-z(t))}}. \quad (2.22)$$

Aus der Integration ergibt sich mit der Anfangsbedingung $z = 0$ für $t = 0$:

$$t = \frac{A_3}{A_2} \cdot \frac{2h}{\sqrt{2gh}} \left(1 - \sqrt{1 - \frac{z(t)}{h}}\right). \quad (2.23)$$

Für $z = h$ folgt die Auffüllzeit

$$\Delta t = \frac{A_3}{A_2} \cdot \frac{2h}{\sqrt{2gh}}. \quad (2.24)$$

Die zeitliche Änderung der Spiegelhöhe $z(t)$ ist dann

$$\frac{z(t)}{h} = 1 - \left(1 - \frac{t}{\Delta t}\right)^2, \quad (2.25)$$

und für die Eintrittsgeschwindigkeit $w_2(t)$ folgt

$$w_2(t) = \sqrt{2gh}\left(1 - \frac{t}{\Delta t}\right). \quad (2.26)$$

Diese Geschwindigkeit nimmt linear mit der Zeit ab.

2.2 Zweidimensionale reibungsfreie, inkompressible Strömungen

2.2.1 Kontinuität

Aus der allgemeinen Massenerhaltung

$$\frac{\partial \rho}{\partial t} + \text{div}(\rho \boldsymbol{w}) = \frac{d\rho}{dt} + \rho \cdot \text{div}\,\boldsymbol{w} = 0$$

folgt für inkompressible Medien mit $\rho = \text{const}$ die Divergenzfreiheit des Strömungsfeldes:

$$\text{div}\,\boldsymbol{w} = \frac{\partial u}{\partial x} + \frac{\partial v}{\partial y} = 0. \tag{2.27}$$

2.2.2 Eulersche Bewegungsgleichungen

Aus dem Kräftegleichgewicht am Massenelement folgen die Bewegungsgleichungen

$$\frac{d\boldsymbol{w}}{dt} = \frac{\partial \boldsymbol{w}}{\partial t} + \boldsymbol{w} \cdot \text{grad}\,\boldsymbol{w} = -\frac{1}{\rho}\,\text{grad}\,p + \boldsymbol{f} \tag{2.28}$$

mit der spezifischen Massenkraft $\boldsymbol{f}$, wobei alle Glieder auf die Masse des Elementes bezogen sind.
Charakteristische Größen der Strömungen sind die *Rotation* und die *Zirkulation*. Die Rotation (Wirbelstärke) $\text{rot}\,\boldsymbol{w} = 2\boldsymbol{\omega}$ ist gleich der doppelten Winkelgeschwindigkeit eines Fluidteilchens. Die *Zirkulation*

$$\Gamma = \oint_C \boldsymbol{w} \cdot d\boldsymbol{s}$$

ist gleich dem Linienintegral über das Skalarprodukt aus Geschwindigkeitsvektor $\boldsymbol{w}$ und Wegelement $d\boldsymbol{s}$ längs einer geschlossenen Kurve C. Über den Satz von Stokes besteht zwischen Zirkulation und Rotation der Zusammenhang:

$$\Gamma = \oint_C \boldsymbol{w} \cdot d\boldsymbol{s} = \int_A \text{rot}\,\boldsymbol{w} \cdot d\boldsymbol{A},$$

wobei A die von der Kurve C berandete Fläche darstellt. Für die Zirkulation und die Rotation gelten allgemeine Erhaltungssätze, die auf Helmholtz und Thomson zurückgehen [4].

2.2.3 Stationäre ebene Potentialströmungen

Wir betrachten ebene Strömungen ohne Massenkraft. Verlaufen diese Strömungen wirbelfrei mit rot $\boldsymbol{w} = 0$, dann existiert für das Geschwindigkeitsfeld $\boldsymbol{w}$ ein Potential Φ mit $\boldsymbol{w}$ = grad Φ. Damit gilt für das Geschwindigkeitsfeld:

$$\text{rot } \boldsymbol{w} = \frac{\partial v}{\partial x} - \frac{\partial u}{\partial y} = 0. \tag{2.29}$$

Mit den Geschwindigkeitskomponenten $u = \partial\Phi/\partial x$ und $v = \partial\Phi/\partial y$ folgt aus der Kontinuitätsgleichung (2.27) für das *Geschwindigkeitspotential* Φ die Laplace-Gleichung:

$$\frac{\partial^2 \Phi}{\partial x^2} + \frac{\partial^2 \Phi}{\partial y^2} = \Delta\Phi = 0. \tag{2.30}$$

Wird die Kontinuitätsgleichung (2.27) mit $u = \partial\Psi/\partial y$ und $v = -\partial\Psi/\partial x$ durch eine Stromfunktion Ψ erfüllt, so gilt aufgrund der Wirbelfreiheit (2.29) für diese Stromfunktion Ψ ebenfalls die Laplace-Gleichung:

$$\frac{\partial^2 \Psi}{\partial x^2} + \frac{\partial^2 \Psi}{\partial y^2} = \Delta\Psi = 0. \tag{2.31}$$

Die Funktionen Φ und Ψ lassen sich physikalisch deuten. Für die Kurven Ψ = const als Höhenlinien der Ψ-Fläche gilt:

$$\begin{aligned} \mathrm{d}\Psi = -v\mathrm{d}x + u\mathrm{d}y &= 0, \\ \left(\frac{\mathrm{d}y}{\mathrm{d}x}\right)_{\Psi=\text{const}} &= \frac{v}{u}. \end{aligned} \tag{2.32}$$

Damit sind nach (2.3) die Kurven Ψ = const Stromlinien. Für die Kurven Φ = const folgt analog:

Zweidimensionale reibungsfreie, inkompressible Strömungen 25

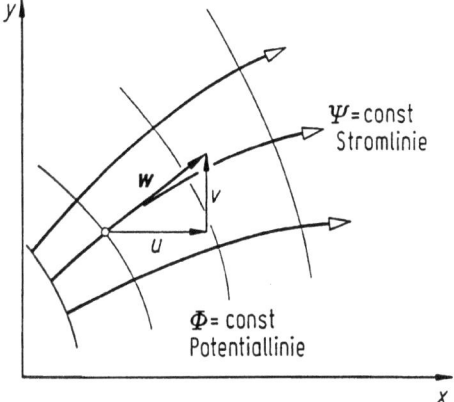

Bild 2.11. Orthogonales Netz der Potential- und Stromlinien

$$\begin{aligned} \mathrm{d}\Phi = u\,\mathrm{d}x + v\,\mathrm{d}y &= 0, \\ \left(\frac{\mathrm{d}y}{\mathrm{d}x}\right)_{\Phi=\mathrm{const}} &= -\frac{u}{v}. \end{aligned} \qquad (2.33)$$

Die Kurven $\Phi = $ const sind Potentiallinien, die mit den Stromlinien ein orthogonales Netz bilden, siehe Bild 2.11. Der auf die Tiefe bezogene Volumenstrom zwischen zwei Stromlinien folgt aus der Differenz der Stromfunktionswerte:

$$\dot{V} = \Psi_2 - \Psi_1 = \int_1^2 (u\,\mathrm{d}y - v\,\mathrm{d}x). \qquad (2.34)$$

Längs der Stromlinien gilt auch hier die Bernoulli-Gleichung (2.7). Aufgrund der Wirbelfreiheit sind Potentialströmungen isoenergetisch, so daß für alle Stromlinien die Bernoulli-Konstante gleich ist. Bei bekannten Anströmdaten wird das Druckfeld über das

Geschwindigkeitsfeld ermittelt:

$$p_\infty + \frac{1}{2}\rho w_\infty^2 = p + \frac{1}{2}\rho(u^2 + v^2) = p_0. \quad (2.35)$$

Der normierte *Druckkoeffizient*

$$C_p = \frac{p - p_\infty}{\frac{1}{2}\rho w_\infty^2} = 1 - \left(\frac{w}{w_\infty}\right)^2 \quad (2.36)$$

besitzt die ausgezeichneten Werte $C_{p\infty} = 0$ in der Anströmung und $C_{p0} = 1$ in den Staupunkten.

Lösungseigenschaften der Potentialgleichung (Laplace-Gleichung).

Jede differenzierbare komplexe Funktion $\chi(z) = \Phi(x,y) + i\Psi(x,y)$ ist eine Lösung der Potentialgleichung, wobei der Realteil dem Potential Φ und der Imaginärteil der Stromfunktion Ψ entspricht.

Eine wesentliche Eigenschaft der Potentialgleichung ist ihre Linearität. Damit lassen sich einzelne Teillösungen zu einer Gesamtlösung überlagern. Jede Stromlinie kann als Begrenzung des Stromfeldes oder als Körperkontur interpretiert werden. Als Randbedingung ist dann die wandparallele Strömung mit verschwindender Geschwindigkeit in Normalenrichtung erfüllt.

2.2.4 Anwendungen elementarer und zusammengesetzter Potentialströmungen

Beispiele von Potentialströmungen sind in der Tabelle 2-1 zusammengestellt. Durch geeignete Überlagerung lassen sich unterschiedliche Umströmungsaufgaben konstruieren. Zwei Fälle werden betrachtet.

Umströmung einer geschlossenen Körperkontur

Die Überlagerung einer Parallelströmung mit einer Quelle und einer Senke der Stärke Q bzw. $-Q$ ergibt die in Bild 2.12 dargestellte Strömungssituation. Die Quelle ist bei $x = -a$ angeordnet,

Zweidimensionale reibungsfreie, inkompressible Strömungen

so daß sich bei $x = -l$ ein Staupunkt bildet. Ebenso führt die Senke bei $x = a$ an der Stelle $x = l$ zu einem Staupunkt. Die durch die Staupunkte führende Stromlinie $\Psi = 0$ entspricht der Körperkontur mit der Länge $2l$ und der Dicke $2h$. Die Werte des normierten Druckkoeffizienten C_p und der Geschwindigkeit w/u_∞ auf der Körperkontur sowie auf der Staustromlinie sind in Bild 2.12 längs der x-Achse aufgezeichnet. Druck und Geschwindigkeit variieren entgegengesetzt. Aus der Stromfunktion

$$\Psi = u_\infty y - \frac{Q}{2\pi} \arctan \frac{2ay}{x^2 + y^2 - a^2} \tag{2.37}$$

resultieren in Abhängigkeit des dimensionslosen Parameters $Q/(2\pi u_\infty a)$ für die Geometrie und die Maximalgeschwindigkeit auf der y-Achse die Beziehungen [2]:

$$\frac{h}{a} = \cot \frac{h/a}{Q/(\pi u_\infty a)}, \tag{2.38}$$

$$\frac{l}{a} = \left(1 + \frac{Q}{\pi u_\infty a}\right)^{1/2}$$

$$\frac{u(0, \pm h)}{u_\infty} = 1 + \frac{Q/(\pi u_\infty a)}{1 + h^2/a^2}. \tag{2.39}$$

Im folgenden sind Resultate für spezielle Werte von $Q/(2\pi u_\infty a)$ zusammengestellt.

$\dfrac{Q}{2\pi u_\infty a}$	$\dfrac{h}{a}$	$\dfrac{l}{a}$	$\dfrac{l}{h}$	$\dfrac{u(0,\pm h)}{u_\infty}$
0	0	1,0	∞	1,0
1,0	1,307	1,732	1,326	1,739
∞	∞	∞	1,0	2,0

Der Grenzfall $Q/(2\pi u_\infty a) \to 0$ entspricht der Parallelströmung um eine unendlich dünne Platte und im Grenzfall $Q/(2\pi u_\infty a) \to \infty$ geht der Körper in einen Kreiszylinder über.

Tabelle 2-1. Elementare und überlagerte Potentialströmungen [1].

komplexes Potential $X(z)$	Potential $\Phi(x,y)$	Stromfunktion $\Psi(x,y)$
$(u_\infty - iv_\infty)z$ Parallelströmung	$u_\infty x + v_\infty y$	$u_\infty y - v_\infty x$
$\dfrac{Q}{2\pi}\ln z$ Quelle $Q>0$, Senke $Q<0$	$\dfrac{Q}{2\pi}\ln r = \dfrac{Q}{2\pi}\ln\sqrt{x^2+y^2}$	$\dfrac{Q}{2\pi}\varphi = \dfrac{Q}{2\pi}\arctan\dfrac{x}{y}$
$\dfrac{\Gamma}{2\pi}i\ln z$ Wirbel, $\Gamma >$ rechtsdrehend $\Gamma <$ linksdrehend	$-\dfrac{\Gamma}{2\pi}\arctan\dfrac{y}{x}$	$\dfrac{\Gamma}{2\pi}\ln\sqrt{x^2+y^2}$
$\dfrac{m}{z}$ Dipol	$\dfrac{mx}{x^2+y^2}$	$-\dfrac{my}{x^2+y^2}$
$u_\infty z + \dfrac{Q}{2\pi}\ln z$ Parallelströmung + Quelle/Senke	$u_\infty x + \dfrac{Q}{2\pi}\ln r$	$u_\infty y + \dfrac{Q}{2\pi}\varphi$
$u_\infty\left(z + \dfrac{R^2}{z}\right)$ Parallelströmung + Dipol = Zylinderumströmung	$u_\infty x\left(1 + \dfrac{R^2}{x^2+y^2}\right)$	$u_\infty y\left(1 - \dfrac{R^2}{x^2+y^2}\right)$
$u_\infty\left(z + \dfrac{R^2}{z}\right) + \dfrac{\Gamma}{2\pi}i\ln z$ Zylinderumströmung + Wirbel	$u_\infty x\left(1 + \dfrac{R^2}{x^2+y^2}\right) - \dfrac{\Gamma}{2\pi}\varphi$	$u_\infty y\left(1 - \dfrac{R^2}{x^2+y^2}\right) + \dfrac{\Gamma}{2\pi}\ln r$
Parallelströmung + Wirbel	$u_\infty x - \dfrac{\Gamma}{2\pi}\varphi$	$u_\infty y + \dfrac{\Gamma}{2\pi}\ln r$

Zweidimensionale reibungsfreie, inkompressible Strömungen

Geschwindigkeit			Stromlinie $\psi = \text{cons}$
u	v	w	
u_∞	v_∞	$w_\infty = \sqrt{u_\infty^2 + v_\infty^2}$	
$\dfrac{Q}{2\pi} \cdot \dfrac{x}{x^2+y^2}$	$\dfrac{Q}{2\pi} \cdot \dfrac{y}{x^2+y^2}$	$\dfrac{Q}{2\pi r}$	
$\dfrac{\Gamma}{2\pi} \cdot \dfrac{y}{x^2+y^2}$	$-\dfrac{\Gamma}{2\pi} \cdot \dfrac{x}{x^2+y^2}$	$\dfrac{\Gamma}{2\pi r}$	
$m\dfrac{y^2-x^2}{(x^2+y^2)^2}$	$-m\dfrac{2xy}{(x^2+y^2)^2}$	$\dfrac{m}{r^2}$	
$u_\infty + \dfrac{Q}{2\pi} \cdot \dfrac{x}{x^2+y^2}$	$\dfrac{Q}{2\pi} \cdot \dfrac{y}{x^2+y^2}$		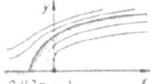
auf dem Zylinder: $2u_\infty \sin^2\varphi$	$-2u_\infty \sin\varphi \cos\varphi$	$2u_\infty |\sin\varphi|$	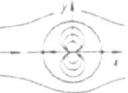
auf dem Zylinder: $2u_\infty \sin^2\varphi + \dfrac{\Gamma}{2\pi R}\sin\varphi$	$-2u_\infty \sin\varphi \cos\varphi - \dfrac{\Gamma}{2\pi R}\cos\varphi$	$2u_\infty|\sin\varphi| + \dfrac{\Gamma}{2\pi R}$	
$u_\infty + \dfrac{\Gamma}{2\pi} \cdot \dfrac{y}{x^2+y^2}$	$-\dfrac{\Gamma}{2\pi} \cdot \dfrac{x}{x^2+y^2}$		

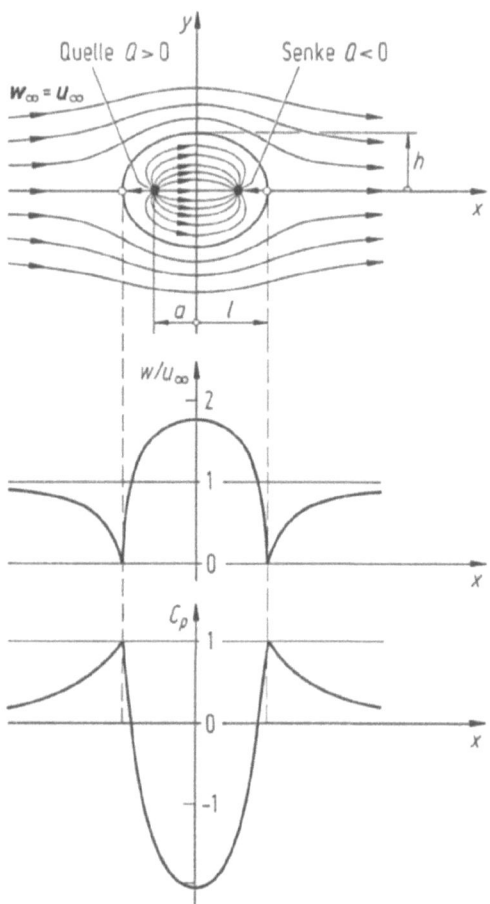

Bild 2.12. Umströmung einer geschlossenen Körperkontur

Zylinderumströmung mit Wirbel

In Bild 2.13 ist diese Strömung mit einem rechts im Uhrzeigersinn drehenden Wirbel der Zirkulation $\Gamma > 0$ dargestellt. Das Strömungsfeld ist bezüglich der x - Achse unsymmetrisch. Der Zylinder entspricht der Stromlinie mit dem Wert $\Psi = (\Gamma/2\pi) \cdot \ln R$. Die Staupunkte liegen für $\Gamma < 4\pi u_\infty R$ auf dem Zylinder

Zweidimensionale reibungsfreie, inkompressible Strömungen 31

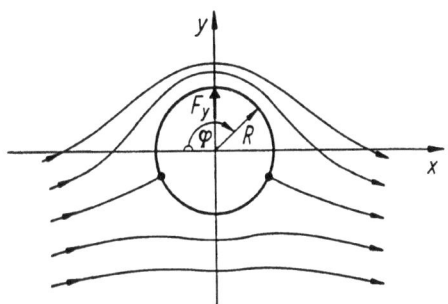

Bild 2.13. Zylinderumströmung mit Zirkulation

und fallen für $\Gamma = 4\pi u_\infty R$ bei $x = 0$ und $y = -R$ zusammen, so daß für größere Werte Γ der gemeinsame Staupunkt auf der y - Achse im Strömungsfeld liegt. Aus der Geschwindigkeitsverteilung nach Tabelle 2-1 folgt die Druckverteilung auf dem Zylinder in normierter Form:

$$C_\mathrm{p} = \frac{p - p_\infty}{\frac{1}{2}\rho w_\infty^2} = 1 - \left(\frac{w}{u_\infty}\right)^2 = 1 - \left(2|\sin\varphi| + \frac{\Gamma}{2\pi u_\infty R}\right)^2. \tag{2.40}$$

Aus dieser bezüglich der x - Achse unsymmetrischen Druckverteilung ergibt sich für einen Zylinder mit der Breite b folgende Kraft in y - Richtung:

$$F_\mathrm{y} = -bR \int_0^{2\pi} (p - p_\infty)\sin\varphi\, d\varphi = \rho u_\infty b \Gamma. \tag{2.41}$$

Dieses Ergebnis, wonach diese Auftriebskraft F_y direkt proportional der Zirkulation Γ ist, wird als Kutta-Joukowski-Formel für den Auftrieb bezeichnet. Durch eine entsprechende Rechnung folgt, daß eine Kraft in x - Richtung, die als Widerstand bezeichnet wird, nicht auftritt. Für Potentialströmungen gilt dieses als d'Alembertsches Paradoxon bezeichnete Ergebnis allgemein.
Eine experimentelle Realisierung dieser Potentialströmung ist

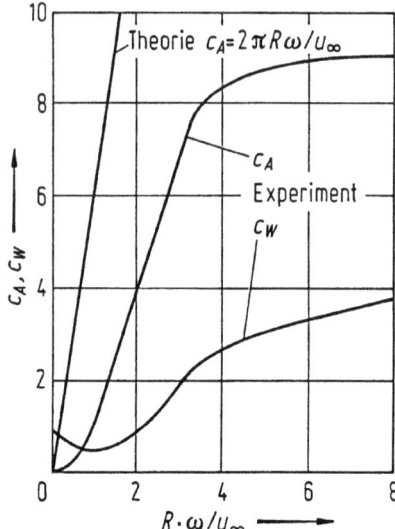

Bild 2.14. Auftrieb und Widerstand beim rotierenden Zylinder

näherungsweise durch die Anströmung eines rotierenden Zylinders gegeben. Die von der Strömung auf den Zylinder ausgeübten Kräfte werden in dimensionsloser Form durch den Auftriebsbeiwert c_A und den Widerstandsbeiwert c_W gekennzeichnet. In Bild 2.14 ist die Abhängigkeit dieser Beiwerte vom Verhältnis aus Umfangsgeschwindigkeit $R\omega$ und Anströmgeschwindigkeit u_∞ aufgetragen. Mit dem Resultat (2.41) folgt mit der Bezugsfläche $A = 2Rb$ als theoretischer Auftriebsbeiwert

$$c_A = \frac{F_y}{\frac{1}{2}\rho u_\infty^2 A} = \frac{\rho u_\infty b \Gamma}{\frac{1}{2}\rho u_\infty^2 2Rb} = \frac{\Gamma}{u_\infty R} = 2\pi \frac{R\omega}{u_\infty}. \qquad (2.42)$$

Die in Bild 2.14 dargestellten Werte wurden im Experiment mit einem Zylinder endlicher Breite $L/D = 12$ ermittelt [7]. Die Ursache für die Abweichung liegt im wesentlichen an der Randbedingung am Zylinder. Die Umfangsgeschwindigkeit ist konstant, während bei der Potentialströmung eine vom Umfangswinkel φ abhängige Geschwindigkeit vorliegt. Deshalb tritt im Experiment auch eine Kraft in x - Richtung auf, die durch den Widerstandsbeiwert

$$c_W = \frac{F_x}{\frac{1}{2}\rho u_\infty^2 A} = \frac{F_x}{\rho u_\infty^2 bR} \qquad (2.43)$$

charakterisiert wird. Das experimentelle Ergebnis ist in Bild 2.14 ebenfalls eingetragen.

Ist eine Körperkontur vorgegeben, so läßt sich das Geschwindigkeits- und Druckfeld mit Singularitätenverfahren durch die kontinuierliche Anordnung von Quellen, Senken und Wirbeln berechnen. Die Stärke dieser Singularitäten muß so gewählt werden, daß bei Überlagerung mit der Parallelströmung die gegebene Körperkontur als Stromlinie erscheint. Wir erörtern den Fall der schlanken Profile.

Für einen symmetrischen Körper in nichtangestellter Strömung (Dickeneffekt) ordnen wir Quell- und Senkenverteilungen auf der Profilsehne an, während bei Anstellung und Wölbung Wirbelbelegungen erforderlich sind. Im ersten Fall ist die Strömung symmetrisch zur x - Achse, ansonsten unsymmetrisch. Wir besprechen den Dickeneffekt, bezüglich Anstellung und Wölbung verweisen wir auf [1], [5], [6]. Ein differentielles Quell-Senkenelement im Quellpunkt $P_2(\xi, \eta)$ liefert im Aufpunkt $P_1(x, y)$ den Beitrag (Bild 2.15)

$$\mathrm{d}\Phi(x, y, \xi, \eta) = \frac{\mathrm{d}Q(\xi, \eta)}{2\pi} \ln \sqrt{(x - \xi)^2 + (y - \eta)^2}.$$

Belegen wir nur die Profilsehne (ξ - Achse), so kommt für die Geschwindigkeiten (Profillänge l):

$$u(x, y) - u_\infty = \frac{1}{2\pi} \int_0^l \frac{x - \xi}{(x - \xi)^2 + y^2} \frac{\mathrm{d}Q}{\mathrm{d}\xi} \mathrm{d}\xi, \qquad (2.44)$$

$$v(x, y) = \frac{1}{2\pi} \int_0^l \frac{y}{(x - \xi)^2 + y^2} \frac{\mathrm{d}Q}{\mathrm{d}\xi} \mathrm{d}\xi. \qquad (2.45)$$

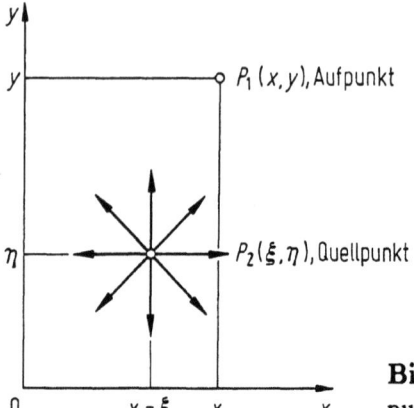

Bild 2.15. Quell- und Aufpunkt

Der schlanke Körper (Kontur $y = h(x)$) führt mit der Bedingung der Stromlinie (2.3) zu

$$\frac{\mathrm{d}h}{\mathrm{d}x} = \frac{v(x, h(x))}{u(x, h(x))} \cong \frac{v(x, 0)}{u_\infty}.$$

Damit wird die Randbedingung auf der Profilsehne erfüllt. (2.45) ergibt mit $\xi - x = ys, \mathrm{d}\xi = y\,\mathrm{d}s$ in der Grenze $y \to 0$

$$v(x,y) = \frac{1}{2\pi} \int_{-\frac{x}{y}}^{\frac{l-x}{y}} \frac{\mathrm{d}Q(x+ys)}{\mathrm{d}\xi} \frac{\mathrm{d}s}{1+s^2} \to \frac{1}{2\pi} \frac{\mathrm{d}Q}{\mathrm{d}x} \int_{-\infty}^{\infty} \frac{\mathrm{d}s}{1+s^2}$$

$$= \frac{1}{2} \frac{\mathrm{d}Q}{\mathrm{d}x} = u_\infty \frac{\mathrm{d}h}{\mathrm{d}x}$$

$$\frac{\mathrm{d}Q}{\mathrm{d}x} = 2u_\infty \frac{\mathrm{d}h}{\mathrm{d}x}. \tag{2.46}$$

Quellen ($\mathrm{d}Q/\mathrm{d}x > 0$) müssen dort angeordnet werden, wo sich der Körper verdickt, Senken dort, wo er zusammengezogen wird. (2.45) ergibt mit (2.46) die Lösung des Problems. Es verbleibt

Zweidimensionale reibungsfreie, inkompressible Strömungen

die Integrationsaufgabe

$$\frac{u-u_\infty}{u_\infty} = \frac{1}{\pi}\int_0^l \frac{(x-\xi)\frac{dh}{d\xi}}{(x-\xi)^2+y^2}\,d\xi, \quad \frac{v}{u_\infty} = \frac{1}{\pi}\int_0^l \frac{y\frac{dh}{d\xi}}{(x-\xi)^2+y^2}\,d\xi.$$

Die Geschwindigkeit *auf* dem Profil ($y \to 0$) wird

$$\frac{u(x,0)-u_\infty}{u_\infty} = \frac{1}{\pi}\oint_0^l \frac{\frac{dh}{d\xi}}{x-\xi}\,d\xi = \lim_{\varepsilon\to\infty}\frac{1}{\pi}\left[\int_0^{x-\varepsilon}\ldots + \int_{x+\varepsilon}^l\ldots\right]. \quad (2.47)$$

Das singuläre Integral ist als Cauchyscher Hauptwert zu bilden. Dabei wird die singuläre Stelle $\xi = x$ symmetrisch ausgeschlossen und zur Grenze $\varepsilon \to 0$ übergegangen.

Für das Parabelzweieck (Länge l, Dickenparameter $\tau = 2h_{\max}/l$):

$$h(x) = 4h_{\max}\frac{x}{l}\left(1-\frac{x}{l}\right) = 2\tau x\left(1-\frac{x}{l}\right)$$

kommt

$$\frac{u(x,0)-u_\infty}{u_\infty} = \frac{4\tau}{\pi}\left[1-\left(\frac{1}{2}-\frac{x}{l}\right)\ln\left|\frac{l-x}{x}\right|\right], \quad -\infty < x < +\infty.$$

$$\left(\frac{u-u_\infty}{u_\infty}\right)_{\max} = \frac{4\tau}{\pi} = 1,27\,\tau.$$

Diese Geschwindigkeitsverteilung (Bild 2.16) bestätigt die früher gefundenen Eigenschaften (Bild 2.12). Vor dem Körper ein Aufstau mit Druckanstieg und Geschwindigkeitsabfall, am Körper zunächst Beschleunigung, hinter dem Dickenmaximum Verzögerung bis zum hinteren Staupunkt. In den Staupunkten liegt eine (schwache) logarithmische Singularität als Folge der vereinfachten Randbedingung. Sie beeinflußt das Stromfeld nur unwesentlich.

Für den Druckkoeffizienten (2.36) kommt beim schlanken Körper

$$C_{\rm p} = \frac{p-p_\infty}{\frac{1}{2}\rho u_\infty^2} = 1-\left(\frac{w}{u_\infty}\right)^2 = -2\frac{u-u_\infty}{u_\infty}+\ldots$$

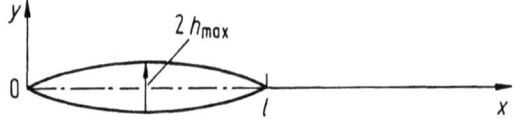

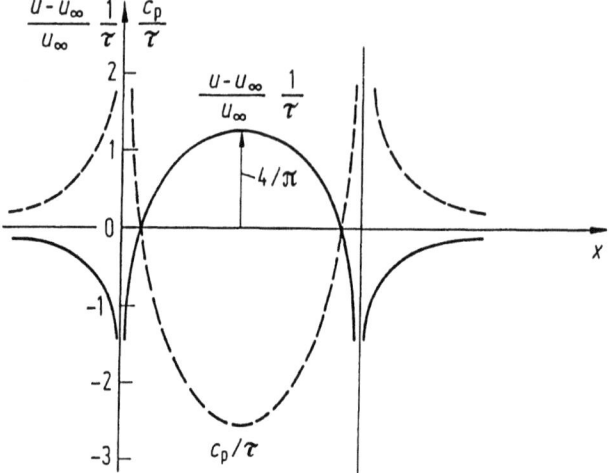

Bild 2.16. Geschwindigkeits- und Druckverteilung beim Parabelzweieck

Eine beliebige Umströmung eines schlanken Profiles kann durch lineare Überlagerung von Dickeneffekt, Wölbung (der Profilsehne) und Anstellung beschrieben werden. Die letzten beiden Einflüsse führen im Stromfeld zu einer Unsymmetrie zur x - Achse. Dies erfordert eine Wirbelbelegung auf der Profilsehne. Die Rechnung ist ähnlich wie bei den Quell-Senkenbelegungen. Es ergibt sich jedoch keine eindeutige Lösung. Die Gesamtzirkulation des Profils Γ bleibt frei wählbar. Sie wird durch eine zusätzliche Bedingung, die den Reibungseinfluß berücksichtigt, festgelegt. In Bild 2.17 ist dies sowohl für die angestellte Platte als auch für den Tragflügel dargestellt. Beim Beginn der Bewe-

Zweidimensionale reibungsfreie, inkompressible Strömungen   37

gung (Anfahrvorgang) liegt bei der Platte eine antisymmetrische Strömung vor. Plattenvorder- und -hinterkante werden entgegengesetzt umströmt. Die Gesamtzirkulation verschwindet und damit auch der Auftrieb (2.41). Es kommt jedoch schnell zu einer Ablösung an der Hinterkante, sie wird nicht mehr umströmt. Es herrscht daselbst ein glatter Abfluß (Kutta-Joukowski-Bedingung [8], [9], [10]). Die Gesamtzirkulation ist dadurch eindeutig festgelegt und von Null verschieden, genauso der Auftrieb. Dies entspricht dem stationären Endzustand des tragenden Flügels.

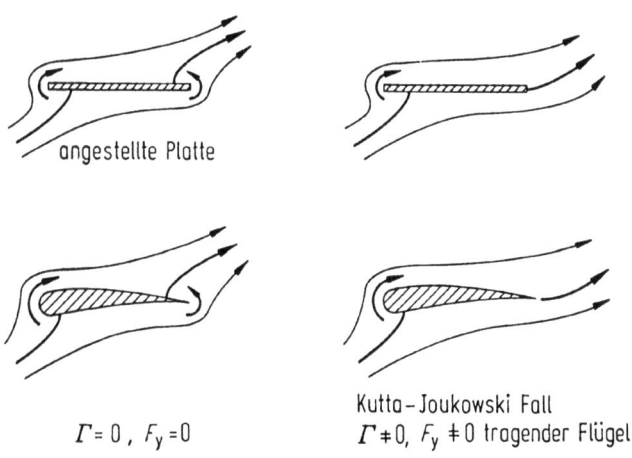

Bild 2.17. Umströmung der angestellten Platte und eines Tragflügels

2.2.5 Stationäre räumliche Potentialströmung

Bei räumlichen Potentialströmungen sind die rotationssymmetrischen Stromfelder besonders ausgezeichnet. Beispiele sind in dem umfassenden Werk [11] enthalten.

2.3 Reibungsbehaftete inkompressible Strömungen

2.3.1 Grundgleichungen für Masse, Impuls und Energie

Die Massenerhaltung (2.27) gilt unabhängig vom Reibungseinfluß. Bei einer allgemeinen Kräftebilanz am Volumenelement treten durch die Reibung Zusatzspannungen auf. Bei newtonschen Medien besteht zwischen diesen Spannungen und den Deformationsgeschwindigkeiten ein linearer Zusammenhang. Die dynamische Viskosität $\eta = \rho \nu$ ist der Proportionalitätsfaktor und charakterisiert als Fluideigenschaft den Reibungseinfluß des Strömungsmediums. Die thermischen Eigenschaften des Mediums sind durch die Temperaturleitzahl $k = \lambda/(\rho \cdot c_p)$ gegeben, wobei λ die Wärmeleitfähigkeit und c_p die spezifische Wärmekapazität ist. Für inkompressible Strömungen mit $\rho = $ const und konstanten Stoffwerten η und k lauten die Erhaltungsgleichungen für Masse, Impuls und thermische Energie [12]

$$\text{div } \boldsymbol{w} = 0 \tag{2.48}$$

$$\frac{\partial \boldsymbol{w}}{\partial t} + \boldsymbol{w} \cdot \text{grad } \boldsymbol{w} = \boldsymbol{f} - \frac{1}{\rho}\text{grad } p + \nu \Delta \boldsymbol{w} \tag{2.49}$$

$$\frac{\partial T}{\partial t} + \boldsymbol{w} \cdot \text{grad } T = -\frac{1}{\rho c_p}\text{div } \boldsymbol{q} + \frac{\nu}{c_p}\Phi_v \tag{2.50}$$

Äußere Kraftfelder sind durch die spezifische Massenkraft $\boldsymbol{f}$ charakterisiert. Der Wärmestrom ist durch $\boldsymbol{q} = -\lambda \text{ grad } T$ gegeben [13].

In kartesischen Koordinaten lauten damit diese Bilanzgleichungen

$$\frac{\partial u}{\partial x} + \frac{\partial v}{\partial y} + \frac{\partial w}{\partial z} = 0, \tag{2.51}$$

$$\frac{\partial u}{\partial t} + u\frac{\partial u}{\partial x} + v\frac{\partial u}{\partial y} + w\frac{\partial u}{\partial z} = f_x - \frac{1}{\rho} \cdot \frac{\partial p}{\partial x} + \tag{2.52}$$

$$\nu \left(\frac{\partial^2 u}{\partial x^2} + \frac{\partial^2 u}{\partial y^2} + \frac{\partial^2 u}{\partial z^2} \right),$$

$$\frac{\partial v}{\partial t} + u\frac{\partial v}{\partial x} + v\frac{\partial v}{\partial y} + w\frac{\partial v}{\partial z} = f_y - \frac{1}{\rho}\cdot\frac{\partial p}{\partial y} + \quad (2.53)$$
$$\nu\left(\frac{\partial^2 v}{\partial x^2} + \frac{\partial^2 v}{\partial y^2} + \frac{\partial^2 v}{\partial z^2}\right),$$
$$\frac{\partial w}{\partial t} + u\frac{\partial w}{\partial x} + v\frac{\partial w}{\partial y} + w\frac{\partial w}{\partial z} = f_z - \frac{1}{\rho}\cdot\frac{\partial p}{\partial z} + \quad (2.54)$$
$$\nu\left(\frac{\partial^2 w}{\partial x^2} + \frac{\partial^2 w}{\partial y^2} + \frac{\partial^2 w}{\partial z^2}\right),$$
$$\frac{\partial T}{\partial t} + u\frac{\partial T}{\partial x} + v\frac{\partial T}{\partial y} + w\frac{\partial T}{\partial z} = k\left(\frac{\partial^2 T}{\partial x^2} + \frac{\partial^2 T}{\partial y^2} + \frac{\partial^2 T}{\partial z^2}\right) +$$
$$\frac{\nu}{c_p}\Phi_v \quad (2.55)$$

mit der Dissipationsfunktion

$$\Phi_v = 2\left[\left(\frac{\partial u}{\partial x}\right)^2 + \left(\frac{\partial v}{\partial y}\right)^2 + \left(\frac{\partial w}{\partial z}\right)^2\right] + \quad (2.56)$$
$$\left(\frac{\partial v}{\partial x} + \frac{\partial u}{\partial y}\right)^2 + \left(\frac{\partial w}{\partial y} + \frac{\partial v}{\partial z}\right)^2 + \left(\frac{\partial u}{\partial z} + \frac{\partial w}{\partial x}\right)^2.$$

Diese 5 nichtlinearen partiellen Differentialgleichungen genügen zur Bestimmung von $w = (u, v, w), p$ und T. Bei den hier betrachteten inkompressiblen Strömungen ist das Stromfeld vom Temperaturfeld entkoppelt. In der Energiegleichung zeigt sich der Einfluß der Reibung durch die auf die Volumeneinheit bezogene Dissipation Φ_v. Bei inkompressiblen Strömungen im Schwerefeld kann die hydrostatische Druckverteilung, welche den bewegungslosen Zustand beschreibt, eliminiert werden. Damit tritt in einigen Beispielen nur der dynamische Anteil des Druckes auf.

2.3.2 Kennzahlen

Werden nun diese Gleichungen im Schwerefeld mit charakteristischen Größen des Strömungsfeldes, der Geschwindigkeit w, der Zeit t, der Länge l und dem Druck p normiert, dann lassen sich folgende Kennzahlen bilden:

$$Eu = \frac{p}{\rho w^2} \quad \text{Euler-Zahl} \quad (2.57)$$

(Druck- durch Trägheitskraft)

$$Fr = \frac{w^2}{lg} \quad \text{Froude-Zahl} \quad (2.58)$$

(Trägheits- durch Schwerkraft)

$$Sr = \frac{l}{tw} \quad \text{Strouhal-Zahl} \quad (2.59)$$

(lokale durch konvektive Beschleunigung)

$$Re = \frac{wl}{\nu} \quad \text{Reynolds-Zahl} \quad (2.60)$$

(Trägheits- durch Reibungskraft).

Aus der Energiegleichung folgen mit $T_2 - T_1$ als charakteristischer Temperaturdifferenz die Kennzahlen:

$$Fo = \frac{l^2}{kt} \quad \text{Fourier-Zahl} \quad (2.61)$$

(Instationäre Wärmeleitung)

$$Pe = \frac{wl}{k} \quad \text{Péclet-Zahl} \quad (2.62)$$

(Konvektiver Wärmetransport)

$$Ec = \frac{w^2}{c_p(T_2 - T_1)} \quad \text{Eckert-Zahl} \quad (2.63)$$

(kinetische Energie durch Enthalpie).

Aus Kombinationen lassen sich nun weitere Kennzahlen ableiten. Aus dem Quotienten von Péclet-Zahl und Reynolds-Zahl folgt die Prandtl-Zahl

$$Pr = \frac{\nu}{k} = \frac{c_p \eta}{\lambda} \quad (2.64)$$

als Verhältnis der molekularen Transportkoeffizienten für Impuls und Wärme.
Der Auftriebsbeiwert (2.42) und der Widerstandsbeiwert

(2.43) bei Umströmungsproblemen sind ebenfalls dimensionslose Größen. Die Kennzahlen bilden die Grundlage der Ähnlichkeitsgesetze und Modellregeln der Strömungsmechanik. In der Regel wird man sich auf die jeweils dominierenden Kennzahlen beschränken. Grundlagen und Anwendungen sind in [14] ausführlich dargestellt. Die Bedeutung dieser Ähnlichkeitsbetrachtungen wird unten in Kapitel 2.4 exemplarisch bei der Behandlung der wichtigsten Aufgaben der Strömungsmechanik, nämlich anhand von Durchströmungs- und Umströmungsproblemen vorgeführt. Im ersten Fall geht es dabei um das *Durch*strömen von Leitungen mit unterschiedlichen Verlustelementen (Düse, Diffusor, Krümmer, Absperr- oder Regelorgane, Durchflußmeßgeräte, ...). Im zweiten Fall interessiert die *Um*strömung von Körpern aller Art. Es stellt sich dabei folgende Aufgabe: Wie kann man die Ergebnisse eines Modellversuches - im Wind- oder Wasserkanal - auf die Großausführung übertragen?

Die generelle Antwort lautet:

Bei geometrisch ähnlichen Konfigurationen sichert die Konstanz der Kennzahlen beim Übergang vom Modell zur Großausführung die sogenannte physikalische Ähnlichkeit der beiden Stromfelder.

Letzteres besagt, daß dann auch die dimensionslosen Größen wie Auftriebs-, Widerstandsbeiwert, Druckverlustkoeffizient, Reibmomentenbeiwert, ...im Modell und in der Großausführung übereinstimmen. Diese generelle Aussage kann man an jedem Beispiel von Kapitel 2.4 bestätigen.

In einigen technischen Anwendungen ist es allerdings schwierig, wenn nicht gar unmöglich, die Kennzahlen im Modell und Großausführung gleich zu wählen. In Kapitel 4.4 erörtern wir dies im Zusammenhang mit dem Kryowindkanal.

2.3.3 Lösungseigenschaften der Navier-Stokesschen Gleichungen

Zu den Navier-Stokesschen Gleichungen (2.51) bis (2.54) kommen die aus der Problemstellung resultierenden Anfangs- und Randbedingungen hinzu. Analytische Lösungen lassen sich nur unter bestimmten Voraussetzungen angeben. Der entscheidende Parameter ist dabei die Reynolds-Zahl (2.60). Ist die Stromlinienform von der Reynolds-Zahl unabhängig, lassen sich oft analytische Lösungen angeben. Damit sind alle Potentialströmungen Lösungen der Navier-Stokesschen Gleichungen, wobei allerdings die entsprechenden Geschwindigkeitsverteilungen auf den Rändern zu erfüllen sind. Ähnlichkeitslösungen lassen sich dann finden, wenn keine ausgezeichnete Länge im Strömungsfeld auftritt. Durch Approximationen können diese Gleichungen weiter vereinfacht werden. Im Grenzfall sehr kleiner Reynolds-Zahlen $Re < 1$ können die Trägheitskräfte gegenüber den Reibungskräften vernachlässigt werden. Diese Strömungen werden als Stokessche Schichtenströmungen bezeichnet. Bei sehr großen Reynolds-Zahlen $Re \gg 1$ spielt die Reibung im Bereich fester Wände die entscheidende Rolle und die Strömungen werden als Grenzschichtströmungen bezeichnet [15].

2.3.4 Spezielle Lösungen für laminare Strömungen

Kartesische Koordinaten

Für eine stationäre, eindimensionale, ebene und ausgebildete Spaltströmung ohne äußeres Kraftfeld mit $u = u(y)$, $v = w = 0$, $p = p(x)$ folgt aus den Navier-Stokesschen Gleichungen

$$\frac{d^2 u}{dy^2} = \frac{1}{\eta} \cdot \frac{dp}{dx}. \tag{2.65}$$

Die allgemeine Lösung dieser Gleichung lautet

$$u(y) = \frac{1}{\eta} \cdot \frac{dp}{dx} \frac{y^2}{2} + C_1 y + C_2. \tag{2.66}$$

Couette-Strömung. Mit den Randbedingungen $u(0) = 0$, $u(h) = U$ und $p = \text{const}$ folgt die lineare Geschwindigkeitsverteilung in Bild 2.18a zu

$$\frac{u(y)}{U} = \frac{y}{h}. \tag{2.67}$$

Reibungsbehaftete inkompressible Strömungen 43

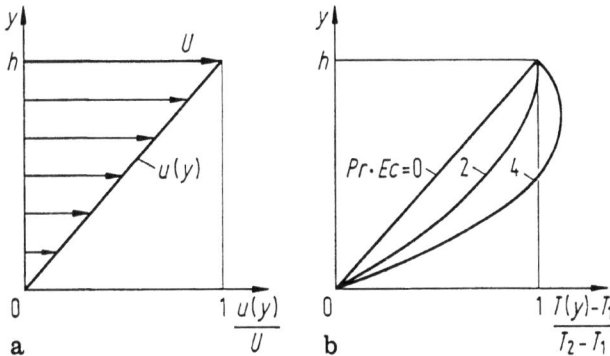

Bild 2.18. Couette-Strömung. a Geschwindigkeitsverteilung, b Temperaturverteilung

Aus der Energiegleichung (2.55) folgt die Lösung für die Temperaturverteilung

$$T(y) = -\frac{\eta}{k\rho c_p} \cdot \frac{U^2}{h^2} \cdot \frac{y^2}{2} + C_1 y + C_2. \quad (2.68)$$

Mit den Randbedingungen $T(0) = T_1, T(h) = T_2$ resultiert die Temperaturverteilung

$$\begin{aligned}\frac{T(y) - T_1}{T_2 - T_1} &= \frac{y}{h} + \frac{\nu U^2}{kc_p(T_2 - T_1)} \cdot \frac{y}{2h}\left(1 - \frac{y}{h}\right) \quad (2.69)\\ &= \frac{y}{h} + Pr \cdot Ec \cdot \frac{y}{2h}\left(1 - \frac{y}{h}\right).\end{aligned}$$

Bild 2.18b zeigt die Temperaturverteilungen für verschiedene Werte $Pr \cdot Ec$ [15].

Poiseuille-Strömung. Mit den Randbedingungen $u(0) = 0$, $u(h) = 0$ und dem Druckverlauf $dp/dx = -\Delta p/l$ folgt die Geschwindigkeitsverteilung in Bild 2.19 zu

$$\frac{u(y)}{U} = \frac{-1}{\eta} \cdot \frac{\Delta p}{l} \cdot \frac{1}{U} \cdot \frac{h^2}{2}\left(\frac{y^2}{h^2} - \frac{y}{h}\right) = 4\frac{y}{h}\left(1 - \frac{y}{h}\right). \quad (2.70)$$

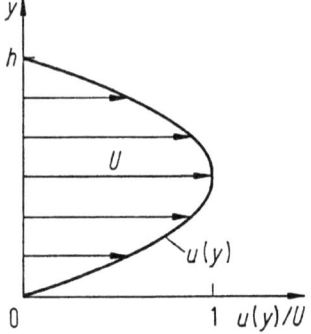

Bild 2.19. Poiseuille-Strömung, Geschwindigkeitsverteilung

U ist die Geschwindigkeit in Spaltmitte bei $y = h/2$. Der Volumenstrom $\dot{V}$ ist für einen Kanal mit der Breite b

$$\dot{V} = b \int_0^h u(y)\mathrm{d}y = \frac{2}{3} b\,h\,U = b\,h\,u_\mathrm{m}, \qquad (2.71)$$

mit $u_\mathrm{m} = (2/3)U$ als mittlerer Geschwindigkeit. Der Druckabfall Δp ist bei einem Kanal der Länge l und der Reynolds-Zahl $Re = u_\mathrm{m} h/\nu$:

$$\Delta p = \frac{\rho}{2} u_\mathrm{m}^2 \frac{l}{h} \cdot \frac{24}{Re}. \qquad (2.72)$$

Die Geschwindigkeitsverteilungen der Couette- und Poiseuille-Strömung lassen sich direkt superponieren, da die zugrunde liegende Bewegungsgleichung (2.65) linear ist.

Strömung mit Druckgradient und bewegter Wand. Mit den Randbedingungen $u(0) = 0$ und $u(h) = U_1$ folgt aus (2.66) die Geschwindigkeitsverteilung

$$u(y) = \frac{1}{\eta} \frac{\mathrm{d}p}{\mathrm{d}x} \cdot \frac{h^2}{2}\left(\frac{y^2}{h^2} - \frac{y}{h}\right) + U_1 \cdot \frac{y}{h}. \qquad (2.73)$$

Reibungsbehaftete inkompressible Strömungen

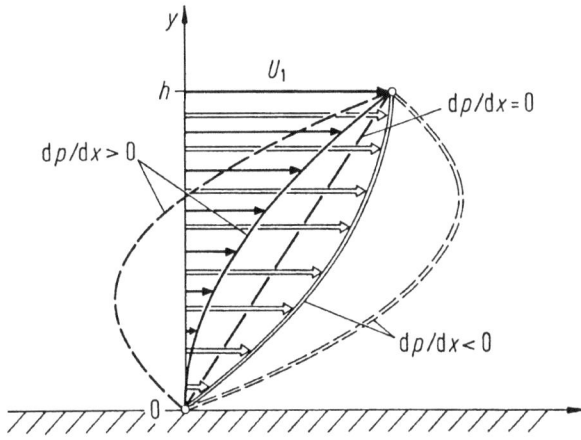

Bild 2.20. Geschwindigkeitsverteilungen bei Überlagerung von Couette- und Poiseuille-Strömung

In Bild 2.20 sind Geschwindigkeitsverteilungen für verschiedene Druckgradienten dargestellt. Bei Erfüllung der Bedingung

$$\frac{dp}{dx} \geqq U_1 \cdot \frac{2\eta}{h^2} \tag{2.74}$$

tritt erstmals nahe der unteren Wand Rückströmung ein.
Als Anwendungsbeispiel ist in Bild 2.21 die Strömung in einem flachen Rechteckbehälter dargestellt. Mit der Voraussetzung $l \gg h$ ist die durch die bewegte obere Wand hervorgerufene Strömung bis auf die Umlenkung nahe den seitlichen Begrenzungswänden eindimensional und es gilt die Lösung (2.73).

Der Druckgradient folgt aus der Bedingung, daß der resultierende Volumenstrom $\dot{V}$ an jeder Stelle x Null sein muß. Bezogen auf die Tiefe b folgt:

$$\frac{\dot{V}}{b} = \int_0^h u(y)\,dy = -\frac{1}{\eta}\frac{dp}{dx} \cdot \frac{h^3}{12} + U_1 \cdot \frac{h}{2} \tag{2.75}$$

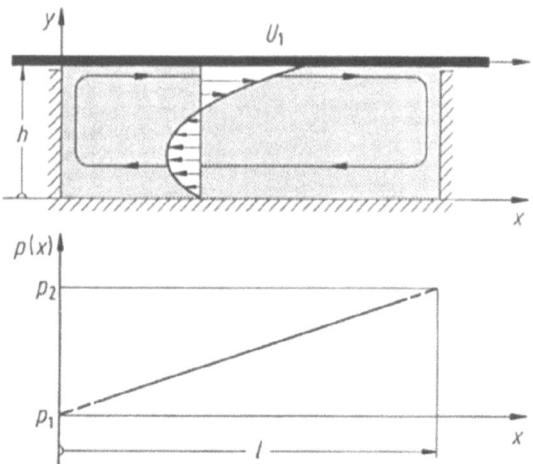

Bild 2.21. Strömung in einer Rechteckgeometrie mit bewegter Oberfläche

und mit $\dot{V} = 0$ gilt:

$$\frac{dp}{dx} = U_1 \cdot \frac{6\eta}{h^2}. \tag{2.76}$$

Die Druckdifferenz folgt durch Integration zu

$$p_2 - p_1 = \int_0^l \frac{dp}{dx} \cdot dx = U_1 \cdot \frac{6\eta l}{h^2}. \tag{2.77}$$

Weitere Anwendungen der Lösung (2.73) ergeben sich beim hydrodynamischen Schmierspalt. Dort treten die Geschwindigkeitsverteilungen nach Bild 2.20 lokal auf. Über die Integration der Druckverteilung läßt sich dann die Tragkraft des Lagers ermitteln [4].

Stokessches Problem. Für eine plötzlich bewegte, in der x-Ebene unendlich ausgedehnte Platte läßt sich eine zeitabhängige Ähnlichkeitslösung angeben. Mit den Voraussetzungen

Reibungsbehaftete inkompressible Strömungen

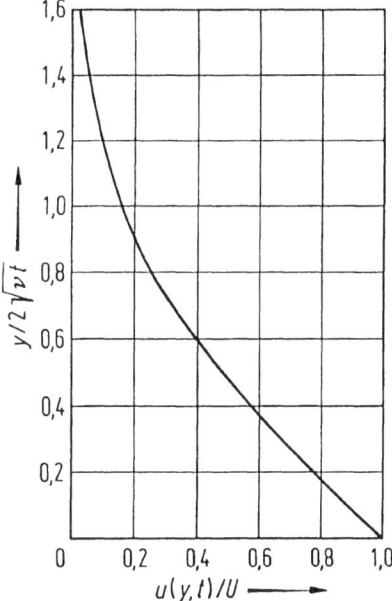

Bild 2.22. Stokessches Problem, Geschwindigkeitsverteilung

$u = u(y,t)$, $v = w = 0$ und damit $p = \text{const}$ sowie den Anfangs- und Randbedingungen

$$t < 0: \quad u(y,t) = 0$$
$$t \geqq 0: \quad u(0,t) = U, \quad u(\infty,t) = 0$$

lautet die Lösung:

$$\frac{u(y,t)}{U} = 1 - \frac{1}{\sqrt{\pi}} \int\limits_0^{y/\sqrt{\nu t}} \exp\left(-\frac{1}{4}\xi^2\right) d\xi = 1 - \text{erf}\left(\frac{y}{2\sqrt{\nu t}}\right).$$
(2.78)

In Bild 2.22 ist diese Geschwindigkeitsverteilung dargestellt. Die Dicke der mitgenommenen Schicht bis $u/U = 0,01$ ist $y = \delta \approx 4\sqrt{\nu t}$, sie wächst mit der Wurzel aus der Zeit.

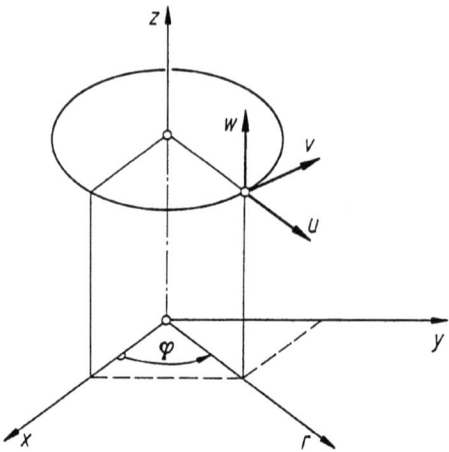

Bild 2.23. Zylinder-Koordinatensystem

Eine Verallgemeinerung dieses Problems für die poröse Platte mit Absaugung und Ausblasen wurde in [16] vorgenommen.

Zylinderkoordinaten

Wir legen die Navier-Stokesschen Gleichungen mit den Geschwindigkeitskomponenten u, v, w in r-, φ- und z-Richtung zugrunde [12]. Setzen wir Rotationssymmetrie $\partial/\partial\varphi = 0$ voraus, so lauten die Bilanzgleichungen für Masse, Impuls und Energie:

$$\frac{\partial u}{\partial r} + \frac{u}{r} + \frac{\partial w}{\partial z} = 0, \qquad (2.79)$$

$$\frac{\partial u}{\partial t} + u\frac{\partial u}{\partial r} - \frac{v^2}{r} + w\frac{\partial u}{\partial z} = f_r - \frac{1}{\rho}\cdot\frac{\partial p}{\partial r} + \qquad (2.80)$$
$$\nu\left(\frac{\partial^2 u}{\partial r^2} + \frac{1}{r}\frac{\partial u}{\partial r} - \frac{u}{r^2} + \frac{\partial^2 u}{\partial z^2}\right)$$

$$\frac{\partial v}{\partial t} + u\frac{\partial v}{\partial r} + \frac{uv}{r} + w\frac{\partial v}{\partial z} = f_\varphi + \qquad (2.81)$$
$$\nu\left(\frac{\partial^2 v}{\partial r^2} + \frac{1}{r}\frac{\partial v}{\partial r} - \frac{v}{r^2} + \frac{\partial^2 v}{\partial z^2}\right)$$

$$\frac{\partial w}{\partial t} + u\frac{\partial w}{\partial r} + w\frac{\partial w}{\partial z} = f_z - \frac{1}{\rho} \cdot \frac{\partial p}{\partial z} + \quad (2.82)$$
$$\nu\left(\frac{\partial^2 w}{\partial r^2} + \frac{1}{r}\frac{\partial w}{\partial r} + \frac{\partial^2 w}{\partial z^2}\right)$$
$$\frac{\partial T}{\partial t} + u\frac{\partial T}{\partial r} + w\frac{\partial T}{\partial z} = k\left(\frac{\partial^2 T}{\partial r^2} + \frac{1}{r}\frac{\partial T}{\partial r} + \frac{\partial^2 T}{\partial z^2}\right) +$$
$$\frac{\nu}{c_p}\Phi_v \quad (2.83)$$

Allgemeine Lösung für die Axialströmung. Mit der Voraussetzung $u = v = 0, w \neq 0, \partial/\partial t = 0, T =$ const folgt für die stationäre rotationssymmetrische Axialströmung ohne Massenkraft:

$$\frac{dp}{dz} = \eta \cdot \left(\frac{d^2w}{dr^2} + \frac{1}{r}\frac{dw}{dr}\right) \quad (2.84)$$

Aufgrund der Kontinuität (2.79) hängt die Geschwindigkeit w nur von r ab, woraus aus (2.84) die Konstanz des Druckgradienten dp/dz folgt. Als allgemeine Lösung folgt durch Integration:

$$w(r) = \frac{1}{\eta} \cdot \frac{dp}{dz} \cdot \frac{r^2}{4} + C_1 \cdot \ln r + C_2. \quad (2.85)$$

Rohrströmung. Für die eindimensionale Strömung folgt mit $w(r), u = v = 0$ und $dp/dz = -\Delta p/l =$ const die Geschwindigkeitsverteilung

$$w(r) = \frac{\Delta p}{l} \cdot \frac{R^2}{4\eta}\left(1 - \frac{r^2}{R^2}\right) = W\left(1 - \frac{r^2}{R^2}\right). \quad (2.86)$$

Für den Volumenstrom $\dot{V}$ folgt damit

$$\dot{V} = 2\pi \int_0^R w(r)dr = \frac{\pi}{8} \cdot \frac{\Delta p}{l} \cdot \frac{R^4}{\eta} = \pi R^2 w_m, \quad (2.87)$$

wobei die mittlere Geschwindigkeit $w_m = (1/2)W$ der halben Maximalgeschwindigkeit entspricht. Der Druckabfall Δp ist

$$\Delta p = \frac{8\eta l w_m}{R^2} = \frac{\rho}{2}w_m^2 \frac{l}{2R}\lambda \quad (2.88)$$

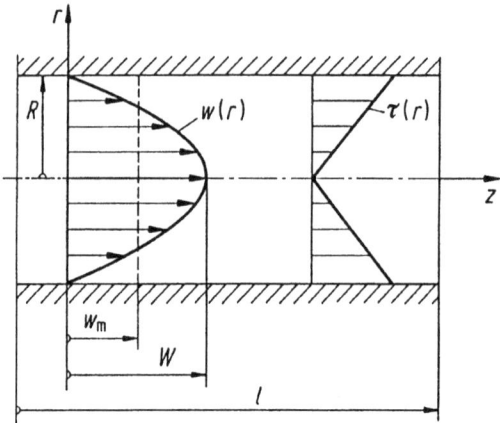

Bild 2.24. Rohrströmung, Verteilung der Geschwindigkeit und Schubspannung

mit
$$\lambda = \frac{64}{Re}, \qquad Re = \frac{w_m D}{\nu}.$$

Aus (2.86) folgt für die Schubspannungsverteilung

$$\tau(r) = -\eta \frac{dw}{dr} = 2\frac{W}{R^2}r. \tag{2.89}$$

In Bild 2.24 ist die Verteilung der Geschwindigkeit $w(r)$ und der Schubspannung $\tau(r)$ dargestellt.

Wirbelströmungen in Umfangsrichtung. Mit den Voraussetzungen $v(r,t), u = w = 0, p(r,t)$ folgen die Gleichungen für die Druck- und Geschwindigkeitsverteilung:

$$\frac{\partial p}{\partial r} = \rho \frac{v^2}{r} \tag{2.90}$$

$$\frac{\partial v}{\partial t} = \nu \left(\frac{\partial^2 v}{\partial r^2} + \frac{1}{r}\frac{\partial v}{\partial r} - \frac{v}{r^2} \right). \tag{2.91}$$

Reibungsbehaftete inkompressible Strömungen

Bei stationärer Strömung wird die Geschwindigkeitsverteilung von der Viskosität ν unabhängig.

Strömung zwischen zwei rotierenden Zylindern. Für die rotationssymmetrische Zylinderspaltströmung mit $v(r)$, $u = w = 0$, $p(r)$ folgt die allgemeine Lösung für die Geschwindigkeitsverteilung in Umfangsrichtung:

$$v(r) = Ar + \frac{B}{r}. \qquad (2.92)$$

Mit den Randbedingungen $v(R_1) = \omega_1 R_1$ und $v(R_2) = \omega_2 R_2$ ergeben sich die Konstanten A und B zu

$$A = \frac{\omega_2 R_2^2 - \omega_1 R_1^2}{R_2^2 - R_1^2}, \qquad B = \frac{R_1^2 R_2^2 (\omega_1 - \omega_2)}{R_2^2 - R_1^2}.$$

Die Schubspannungsverteilung ist dabei

$$\tau(r) = -\eta \left(\frac{dv}{dr} - \frac{v}{r} \right) = \eta \frac{2B}{r^2}. \qquad (2.93)$$

Die Verteilung der Geschwindigkeit und der Schubspannung im Spalt ist in Bild 2.25 bei gegebenen Randbedingungen dargestellt.

In radialer Richtung gilt die Beziehung $dp/dr = \rho \cdot v^2/r$, aus der durch Integration die Druckverteilung $p(r)$ folgt:

$$\begin{aligned} p(r) = & \; p(R_1) + \qquad (2.94) \\ & \rho \left[\frac{A^2}{2}(r^2 - R_1^2) + 2AB \ln \frac{r}{R_1} + \frac{B^2}{2}\left(\frac{1}{R_1^2} - \frac{1}{r^2} \right) \right]. \end{aligned}$$

Für das längenbezogene Drehmoment am inneren Zylinder gilt:

$$M_1 = 4\pi\eta B. \qquad (2.95)$$

Das am äußeren Zylinder angreifende Drehmoment ist gleich groß und wirkt in der entgegengesetzten Richtung.
Als Grenzfälle ergeben sich aus (2.92) für $R_2 \to \infty$, $v(r \to \infty) = 0$

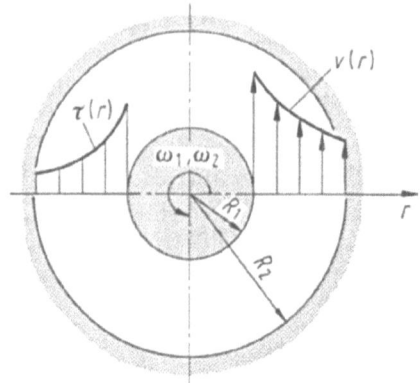

Bild 2.25. Zylinderspaltströmung, Geschwindigkeits- und Schubspannungsverteilung

der Potentialwirbel mit $v(r) = B/r$ und für $R_1 \to 0$ folgt die Starrkörperrotation mit $v(r) = Ar$.

Zerfließen des Potentialwirbels. Für die zeitabhängige, rotationssymmetrische Wirbelströmung $v(r,t), u = w = 0, p(r,t)$ läßt sich aus (2.91) eine Ähnlichkeitslösung ermitteln, falls keine charakteristische Länge ausgezeichnet ist. Mit der Zirkulation $\Gamma = 2\pi r v$ lauten die Anfangs- und Randbedingungen:

AB: $v(r, t = 0) = \dfrac{\Gamma_0}{2\pi r}$,   Potentialwirbel mit Γ_0

RB: $v(r = 0, t > 0) = $ endlich,   Geschwindigkeit im Ursprung.

Anstelle der RB kann man auch $v(r, t \to \infty) \to 0$ verlangen.

Mit den dimensionslosen Ähnlichkeitsvariablen

$$f = \frac{\Gamma}{\Gamma_0} \quad \text{und} \quad s = \frac{r}{\sqrt{\nu t}}$$

folgt aus (2.91) eine gewöhnliche Differentialgleichung mit der

Reibungsbehaftete inkompressible Strömungen 53

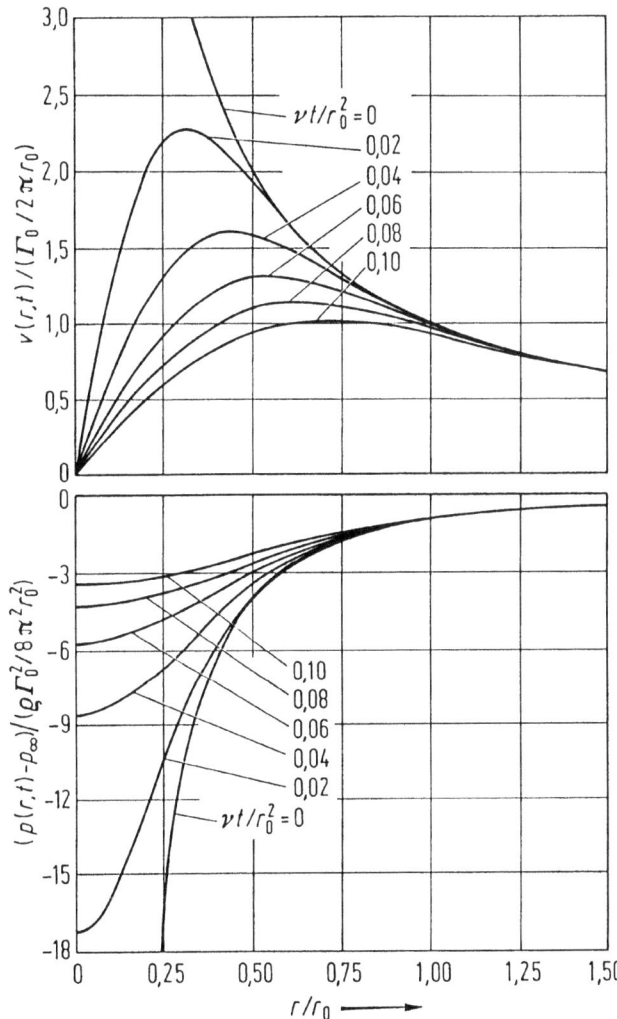

Bild 2.26. Geschwindigkeits- und Druckverteilung der zeitabhängigen Wirbelströmung

Lösung für die Geschwindigkeitsverteilung:

$$\frac{v(r,t)}{\Gamma_0/2\pi r_0} = \frac{r_0}{r}\left[1 - e^{-\frac{1}{4}(\frac{r}{r_0})^2 \cdot \frac{r_0^2}{\nu t}}\right]. \quad (2.96)$$

Die dazugehörige Druckverteilung $p(r,t)$ ergibt sich durch Integration aus (2.90). Für das Zeitverhalten im Drehzentrum folgt nach [17] das Resultat:

$$p(0,t) - p_\infty = -\frac{\rho \Gamma_0^2}{16\pi^2 \nu} \cdot \frac{1}{t} \cdot \ln 2. \quad (2.97)$$

In Bild 2.26 sind die Geschwindigkeits- und Druckverteilungen für verschiedene Zeiten t dargestellt. Ausgehend von dem Potentialwirbel zur Zeit $t = 0$ kommt das Medium durch die Dissipation aufgrund der Viskosität des Mediums für $t \to \infty$ zur Ruhe. Dieser Abklingvorgang der Wirbelbewegung spielt in turbulenten Strömungen eine wesentliche Rolle.

Kugelkoordinaten

In sphärischen Koordinaten lauten die Navier-Stokesschen Gleichungen mit den Geschwindigkeitskomponenten w, v, u in r-, φ- und ϑ- Richtung zusammen mit der Kontinuitäts- und Energiegleichung für rotationssymmetrische Strömungen [12] (Bild 2.27):

Kontinuitätsgleichung

$$\frac{\partial w}{\partial r} + \frac{2w}{r} + \frac{1}{r}\frac{\partial u}{\partial \vartheta} + \frac{u \cot \vartheta}{r} = 0 \quad (2.98)$$

Impulserhaltungsgleichungen

$$\frac{\partial w}{\partial t} + w\frac{\partial w}{\partial r} + \frac{u}{r}\frac{\partial w}{\partial \vartheta} - \frac{(u^2 + v^2)}{r} = -\frac{1}{\rho}\frac{\partial p}{\partial r} + \nu\left[\frac{1}{r}\Delta(rw)\right] \quad (2.99)$$

Reibungsbehaftete inkompressible Strömungen

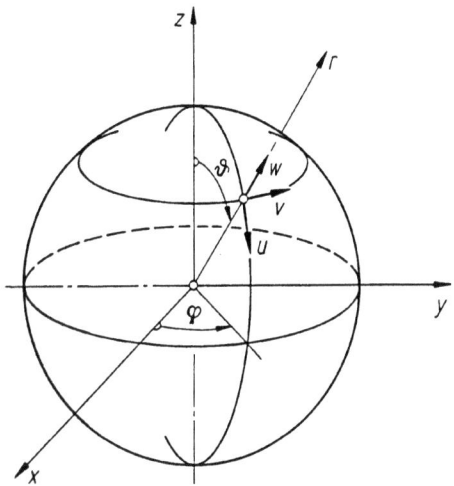

Bild 2.27. Kugel-Koordinatensystem

$$\frac{\partial u}{\partial t} + w\frac{\partial u}{\partial r} + \frac{u}{r}\frac{\partial u}{\partial \vartheta} + \frac{uw}{r} - \frac{v^2 \cot \vartheta}{r} =$$

$$-\frac{1}{\rho r}\frac{\partial p}{\partial \vartheta} + \nu\left[\Delta u - \frac{u}{r^2 \sin^2 \vartheta} + \frac{2}{r^2}\frac{\partial w}{\partial \vartheta}\right] \quad (2.100)$$

$$\frac{\partial v}{\partial t} + w\frac{\partial v}{\partial r} + \frac{u}{r}\frac{\partial v}{\partial \vartheta} + \frac{vw}{r} + \frac{uv \cot \vartheta}{r} = \nu\left[\Delta v - \frac{v}{r^2 \sin^2 \vartheta}\right]$$
$$(2.101)$$

mit dem Δ - Operator

$$\Delta = \frac{\partial^2}{\partial r^2} + \frac{2}{r}\frac{\partial}{\partial r} + \frac{1}{r^2}\frac{\partial^2}{\partial \vartheta^2} + \frac{\cot \vartheta}{r^2} \cdot \frac{\partial}{\partial \vartheta}$$

Energiegleichung

$$\frac{\partial T}{\partial t} + w\frac{\partial T}{\partial r} + \frac{u}{r}\cdot\frac{\partial T}{\partial \vartheta} =$$

$$k\left[\frac{1}{r^2}\frac{\partial}{\partial r}\left(r^2\frac{\partial T}{\partial r}\right) + \frac{1}{r^2\sin\vartheta}\frac{\partial}{\partial \vartheta}\left(\sin\vartheta\frac{\partial T}{\partial \vartheta}\right)\right] + \frac{\nu}{c_p}\Phi_v \quad (2.102)$$

Spezielle Lösungen und deren Eigenschaften wurden in [18] untersucht. Analytische Lösungen sind für schleichende Strömungen bei kleinen Reynolds-Zahlen und für den reibungsfreien Fall ($Re \to \infty$) bekannt.

Rotierende Kugel. Eine Kugel mit dem Radius R rotiert um die vertikale Achse mit der konstanten Winkelgeschwindigkeit ω in einem Medium mit der kinematischen Viskosität ν und der Dichte ρ. Die Rotationsgeschwindigkeit in Umfangsrichtung dominiert, so daß wir eine Lösung für $v(r,\vartheta)$ mit $u = w = 0$ ermitteln können.
Mit der Differentialgleichung aus (2.101)

$$\frac{\partial^2 v}{\partial r^2} + \frac{1}{r^2}\cdot\frac{\partial^2 v}{\partial \vartheta^2} + \frac{2}{r}\frac{\partial v}{\partial r} + \frac{\cot\vartheta}{r^2}\frac{\partial v}{\partial \vartheta} - \frac{v}{r^2\sin^2\vartheta} = 0 \quad (2.103)$$

und den Randbedingungen

$v(r = R, \vartheta) = R\cdot\omega\cdot\sin\vartheta$ auf der Kugeloberfläche
$v(r \to \infty, \vartheta) = 0$ abklingende Strömung
im Unendlichen

ergibt sich die Lösung:

$$v(r,\vartheta) = \frac{R^3\omega}{r^2}\sin\vartheta \quad (2.104)$$

Dieses Resultat gilt für kleine Geschwindigkeiten. Mit dieser Primärströmung kann dann über die Gleichungen (2.98 - 2.101) die Sekundärströmung mit u und w in der Meridianebene im Rahmen der linearen Theorie berechnet werden.
Für das Drehmoment folgt mit $\eta = \rho \cdot \nu$:

$$M = 8\pi\eta R^3 \omega. \qquad (2.105)$$

Dieses Ergebnis zeigt, daß bei kleinen Rotationsgeschwindigkeiten das Drehmoment proportional zur Winkelgeschwindigkeit ω ist.
Die folgenden Lösungen gelten nur für den Grenzfall kleiner Reynolds-Zahlen Re < 1.

Stokessche Kugelumströmung. Für die translatorische Bewegung einer festen Kugel durch ein viskoses Medium mit der Geschwindigkeit U ergibt sich aus dem Geschwindigkeits- und Druckfeld die Widerstandskraft [15]

$$F_\mathrm{W} = 6\pi\eta RU. \qquad (2.106)$$

Für die Umströmung einer Fluidkugel nach Bild 2.28 mit der Dichte ρ' und der Viskosität η' gilt nach [19] die erweiterte Beziehung für die Widerstandskraft:

$$F_\mathrm{W} = 6\pi\eta RU \frac{2\eta + 3\eta'}{3\eta + 3\eta'}. \qquad (2.107)$$

Beispiel: Fallgeschwindigkeit einer Kugel. Im Schwerefeld stehen nach Bild 2.29 Auftriebskraft, Gewichtskraft und Widerstandskraft bei einer stationären Bewegung im Gleichgewicht: $F_\mathrm{A} - F_\mathrm{G} + F_\mathrm{W} = 0$. Mit $F_\mathrm{A} = (4/3)\pi R^3 \rho g$, $F_\mathrm{G} = (4/3)\pi R^3 \rho' g$ und $F_\mathrm{W} = 6\pi\eta Rw$ nach (2.106) folgt die Fallgeschwindigkeit $w = (2/9)(\rho' - \rho)R^2 g/\eta$. Sind die Dichten ρ' der Kugel und ρ der Flüssigkeit bekannt, so läßt sich über die Messung dieser Fallgeschwindigkeit w die Viskosität η ermitteln.

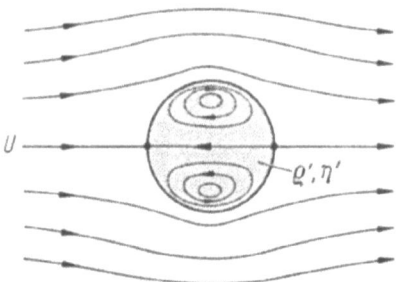

Bild 2.28. Stromfeld einer umströmten Fluidkugel

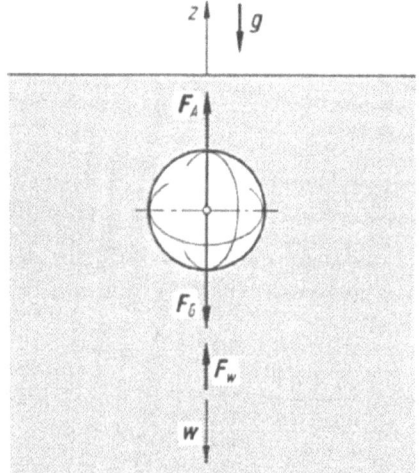

Bild 2.29. Fallende Kugel im Schwerefeld

Beispiel: Steiggeschwindigkeit einer Gasblase. Unter der Voraussetzung $\rho' \ll \rho$ und $\eta' \ll \eta$ folgt über das Gleichgewicht zwischen Auftriebskraft F_A und Widerstandskraft F_W nach (2.107) die Steiggeschwindigkeit $w = (1/3)gR^2/\nu$.

2.3.5 Strömungsmechanische Instabilitäten

Die laminaren Strömungen werden mit steigender Reynoldszahl instabil, wobei die einfachen Strömungsformen von dreidimensionalen Strukturen überlagert werden. Die Entstehen der Turbulenz ist eine Folge von strömungsmechanischen Instabilitäten. Die Physik vieler Strömungsvorgänge wie z. B. die Ablösung, Strömungswiderstand und Druckverlust sowie Wärmetransportprozesse werden entscheidend durch Instabilitäten beeinflußt. Als Beispiele nennen wir die Kármán'sche Wirbelstraße im Nachlauf umströmter Körper, die Tollmien-Schlichting Wellen in Grenzschichten, die Taylor- und Görtler-Wirbel und die Bénard-Zellen. Die Untersuchungen einfacher Modellsysteme, mit denen sich die Instabilitäten, ausgehend von einem stationären Grundzustand bis hin zur ausgebildeten Turbulenz verfolgen lassen, ermöglichen einen Einblick in die physikalischen Grundlagen [20], [21], [22].

Taylor Wirbel im Zylinderspalt

Das Bild 2.30 zeigt prinzipiell eine Anordnung zur Realisierung von Taylor-Instabilitäten. Durch die Rotation des inneren Zylinders stellt sich ein in radialer Richtung abfallendes Geschwindigkeitsprofil ein. Daraus resultiert eine instabile Zentrifugalkraftschichtung, so daß sich beim Überschreiten einer kritischen Umfangsgeschwindigkeit in axialer Richtung periodisch angeordnete, torusförmige Taylor Wirbel ausbilden. Durch die Wirbel wird der makroskopische Impulsaustausch und damit auch das Drehmoment zum Antrieb des Innenzylinders erhöht. Der Übergang von der Grundströmung in die periodische Wirbelströmung wird durch folgende Kennzahl charakterisiert [23]:

$$Ta^2 = \frac{R_1 \omega^2 \cdot s^3}{\nu^2}. \tag{2.108}$$

Diese nach Taylor benannte Kennzahl enthält den Radius R_1, die Winkelgeschwindigkeit ω, die Spaltweite $s = R_2 - R_1$ und die kinematische Viskosität ν. Sie stellt das Verhältnis von Störung der Zentrifugalkraft zur Reibungskraft dar.

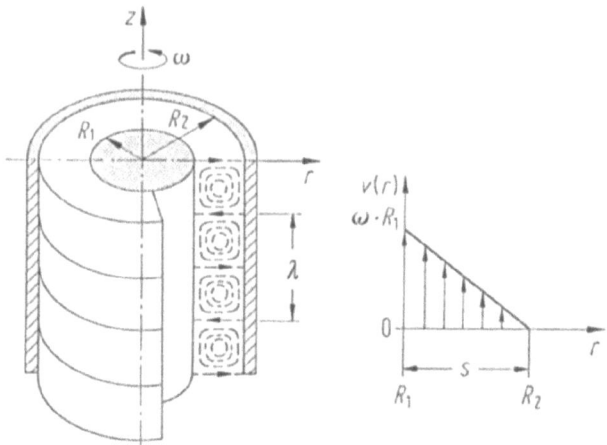

Bild 2.30. Taylor Wirbel im Zylinderspalt

Rayleigh-Bénard Instabilität

Beim Wärmetransport durch eine horizontale Fluidschicht entgegengesetzt zum Schwerevektor liegt im Wärmeleitungszustand eine lineare Temperaturverteilung nach Bild 2.31 vor. Damit verbunden ist eine instabile Dichteschichtung, da sich aufgrund der thermischen Ausdehnung das schwere Medium über dem leichteren befindet. Beim Überschreiten einer kritischen Temperaturdifferenz bilden sich periodisch angeordnete Konvektionsrollen, die zu einem erhöhten Wärmetransport beitragen. Dieser Übergang vom bewegungslosen Wärmeleitungszustand zur Konvektionsströmung wird durch die Rayleigh-Zahl charakterisiert:

$$Ra = \frac{g\beta\Delta T h^3}{\nu k} \qquad (2.109)$$

Diese nach Rayleigh benannte Kennzahl stellt die beim Aufsteigen eines Fluidelements gewonnene Energie ins Verhältnis zu der durch Reibung und Wärmeleitung verbrauchten Energie dar. Sie

Reibungsbehaftete inkompressible Strömungen 61

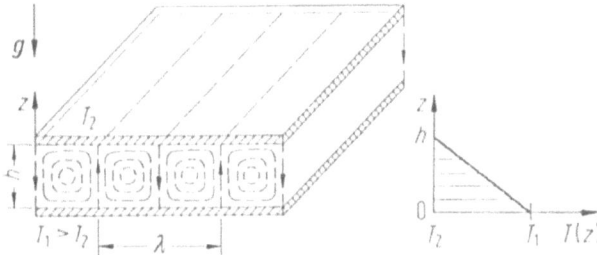

Bild 2.31. Konvektionsrollen in horizontaler Fluidschicht

enthält die Schwerebeschleunigung g, den thermischen Ausdehnungskoeffizienten β, die Temperaturdifferenz $\Delta T = T_1 - T_2$, die kinematische Zähigkeit ν und die Temperaturleitfähigkeit k als charakteristische Größen des Problems.

Lineare Stabilitätstheorie

Die theoretische Beschreibung des Stabilitätsverhaltens dieser Probleme erfolgt im Rahmen der linearen Stabilitätstheorie. Die Störungsdifferentialgleichungen ergeben sich durch Linearisierung bezüglich des bekannten Grundzustandes aus den Erhaltungsgleichungen für Masse, Impuls und Energie (2.51 - 2.55). Beim Konvektionsproblem wird die Dichteänderung durch die thermische Ausdehnung nur im Auftriebsterm der Bewegungsgleichung berücksichtigt. Dies wird als Boussinesq-Approximation bezeichnet. Im Rahmen der linearen Theorie zeigen die beiden Probleme eine bemerkenswerte Analogie [23]. Das Eigenwertspektrum in Bild 2.32 ist für beide Fälle identisch. Aufgetragen ist die Kennzahl des Systems über der Wellenzahl der periodischen Störung. Die Grenzkurve entspricht dem neutral-stabilen Fall, bei dem die Störbewegung weder angefacht noch gedämpft wird. Außerhalb dieses Bereiches klingen die Störungen mit der Zeit ab, der Grundzustand ist stabil, während innerhalb der Grenzkurve

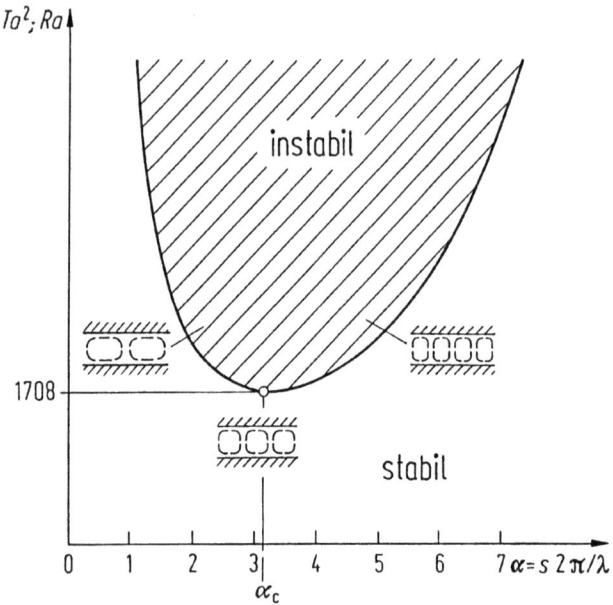

Bild 2.32. Eigenwertspektrum der linearen Stabilitätstheorie

eine Anfachung vorliegt, die zu einer periodischen Störbewegung führt.

Die Instabilitäten setzen in einer Fluidschicht zwischen zwei festen horizontalen Berandungen erstmals ein, wenn der kritische Wert

$$Ta_c^2 = Ra_c = 1708 \qquad (2.110)$$

überschritten wird. Die dazugehörige kritische Wellenzahl $\alpha_c = 3,117$ führt zu einer Wellenlänge $\lambda \cong 2s$, womit sich im kritischen Zustand quadratische Wirbelformen einstellen.

Das weitere Verhalten der Instabilitäten im schraffierten Bereich des Eigenwertspektrums in Bild 2.32 wird durch die *nichtlineare Theorie* bestimmt. Durch die Vielfalt der Lösungsmöglichkeiten bietet sich hier ein weites Feld für weitergehende experimentelle und theoretische Untersuchungen [24].

Reibungsbehaftete inkompressible Strömungen

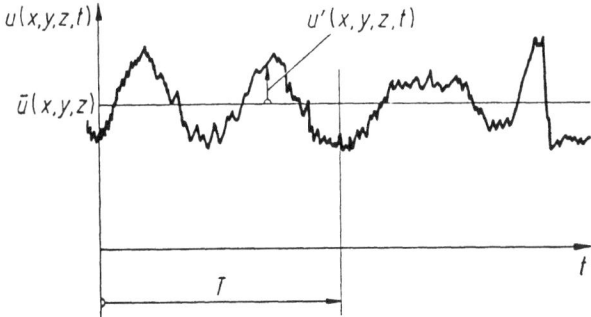

Bild 2.33. Turbulente Strömung, zeitabhängiger Geschwindigkeitsverlauf

2.3.6 Turbulente Strömungen

Mit wachsender Reynolds-Zahl gehen die wohlgeordneten laminaren Schichtenströmungen in irreguläre turbulente Strömungen über. Dem molekularen Impulsaustausch überlagert sich ein zusätzlicher Transportprozess durch die makroskopische Turbulenzbewegung. Bei der Rohrströmung in Bild 2.24 vollzieht sich dieser Umschlag für Reynolds-Zahlen $Re \geq 2320$. Die Beschreibung turbulenter Strömungen geschieht nach Reynolds mit der Zerlegung der instationären Geschwindigkeitskomponenten, z.B. $u(x,y,z,t)$ in einen zeitlichen Mittelwert $\bar{u}(x,y,z)$ und eine Schwankungsgröße $u'(x,y,z,t)$ nach Bild 2.33:

$$u(x,y,z,t) = \bar{u}(x,y,z) + u'(x,y,z,t). \qquad (2.111)$$

Der zeitliche Mittelwert am festen Ort ist definiert durch

$$\bar{u}(x,y,z) = \frac{1}{T} \int_0^T u(x,y,z,t)\,\mathrm{d}t. \qquad (2.112)$$

Dabei ist T so groß gewählt, daß die Zeitabhängigkeit für $\bar{u}$ entfällt. Damit sind die zeitlichen Mittelwerte der Schwankungsgeschwindigkeiten Null

$$\overline{u'} = \overline{v'} = \overline{w'} = 0.$$

Die Intensität der Turbulenz wird durch den Turbulenzgrad Tu charakterisiert

$$Tu = \frac{\sqrt{\frac{1}{3}(\overline{u'^2} + \overline{v'^2} + \overline{w'^2})}}{\sqrt{\bar{u}^2 + \bar{v}^2 + \bar{w}^2}}. \tag{2.113}$$

Das Einsetzen von (2.111) in die Navier-Stokesschen Gleichungen führt zu den Reynoldsschen Gleichungen. Die Kontinuitätsgleichung ist auch für die Mittelwerte gültig:

$$\frac{\partial \bar{u}}{\partial x} + \frac{\partial \bar{v}}{\partial y} + \frac{\partial \bar{w}}{\partial z} = 0. \tag{2.114}$$

Die Impulsbilanz liefert in x-Richtung ohne Massenkraft f_x nach [25]:

$$\begin{aligned}\rho \frac{d\bar{u}}{dt} =\ & -\frac{\partial \bar{p}}{\partial x} + \frac{\partial}{\partial x}\left(\eta \frac{\partial \bar{u}}{\partial x} - \rho \overline{u'^2}\right) + \frac{\partial}{\partial y}\left(\eta \frac{\partial \bar{u}}{\partial y} - \rho \overline{u'v'}\right) + \\ & \frac{\partial}{\partial z}\left(\eta \frac{\partial \bar{u}}{\partial z} - \rho \overline{u'w'}\right).\end{aligned} \tag{2.115}$$

Die Schwankungsgrößen führen dabei zu den turbulenten Scheinspannungen

$$-\rho \overline{u'^2}, \qquad -\rho \overline{u'v'}, \qquad -\rho \overline{u'w'}. \tag{2.116}$$

Die allgemeine Betrachtung ergibt den Reynoldsschen Spannungstensor. Diese Größen werden über Turbulenzmodelle und Transportgleichungen für die Turbulenzbewegung ermittelt [26].

Als einfaches Turbulenzmodell gilt der Prandtlsche Mischungswegansatz. Das Konzept ist in Bild 2.34 für eine turbulente Hauptströmung in x-Richtung dargestellt. In positiver y-Richtung erfährt ein Fluidelement bei einem Mischungsweg l_1 eine Schwankungsgeschwindigkeit $u' = -l_1 \cdot d\bar{u}/dy$. Aus Kontinuitätsgründen gilt $v' = l_2 \cdot d\bar{u}/dy$. Für die Bewegung in negativer y-Richtung gilt ein analoges Verhalten. Die Reynoldssche

Reibungsbehaftete inkompressible Strömungen

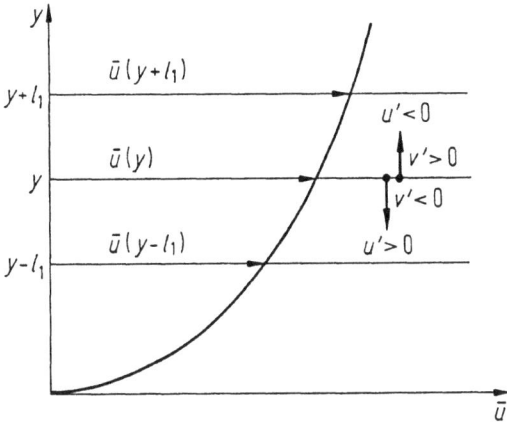

Bild 2.34. Mischungswegkonzept nach Prandtl

scheinbare Schubspannung folgt damit zu

$$\bar{\tau} = -\rho\overline{u'v'} = \rho\overline{l_1 l_2}\left(\frac{d\bar{u}}{dy}\right)^2 = \rho l^2 \left(\frac{d\bar{u}}{dy}\right)^2. \qquad (2.117)$$

Für die gesamte Schubspannung gilt

$$\bar{\tau}_{\text{ges}} = \eta \frac{d\bar{u}}{dy} + \rho l^2 \left(\frac{d\bar{u}}{dy}\right)^2. \qquad (2.118)$$

Die Integration von (2.118) führt zur Geschwindigkeitsverteilung turbulenter Strömungen in der Nähe fester Wände.
Mit der Wandschubspannungsgeschwindigkeit $u_\tau = \sqrt{\bar{\tau}_w/\rho}$ folgt für die viskose Unterschicht mit $l \to 0$

$$\frac{\bar{u}(y)}{u_\tau} = \frac{y u_\tau}{\nu} = y^+, \qquad y^+ < 5. \qquad (2.119)$$

Außerhalb dieser Schicht dominiert der Anteil (2.117). Mit der Annahme von Prandtl, daß $\bar{\tau}_{\text{ges}} = \bar{\tau}_w = \text{const}$ und $l = \kappa y$ mit $\kappa = \text{const}$ ist, erhält man durch Integration

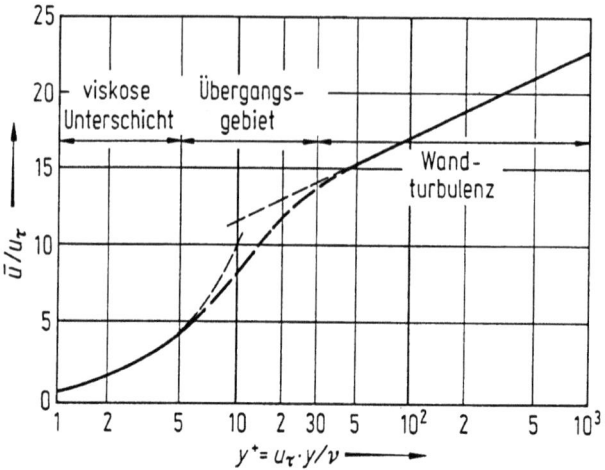

Bild 2.35. Geschwindigkeitsverteilung nahe fester Wände

$$\frac{\bar{u}(y)}{u_\tau} = \frac{1}{\kappa}\ln y^+ + C. \qquad (2.120)$$

Aus dem Experiment folgen für die Konstanten die sog. universellen Werte $\kappa = 0{,}4$ und $C = 5{,}5$. Diese Gesetzmäßigkeit gilt für $y^+ > 30$ außerhalb der viskosen Unterschicht und einem Übergangsbereich. In Bild 2.35 ist die Geschwindigkeitsverteilung in halblogarithmischer Darstellung über dem Wandabstand aufgetragen. Bei sehr großen Wandabständen $y^+ > 10^3$ schließt sich die freie Turbulenz an.

Das $k - \varepsilon$ Turbulenzmodell.

Das hier zugrunde liegende Wirbelviskositätsprinzip beruht auf der Annahme, daß auch in turbulenten Strömungen die Spannungen proportional zu den Deformationsgeschwindigkeiten gesetzt werden können mit η_t als Proportionalitätsfaktor.

$$-\rho\overline{u'v'} = \eta_t \cdot \frac{\partial \bar{u}}{\partial y} \qquad (2.121)$$

Reibungsbehaftete inkompressible Strömungen

Es liegt eine isotrope Verteilung der turbulenten Viskosität zugrunde, so daß zur Berücksichtigung realer Anisotropien, wie z.B. in Wandnähe, detailliertere Modellansätze erforderlich sind.
Hier wird die Wirbelviskosität durch zwei zusätzliche Transportdifferentialgleichungen für die Turbulenzenergie k und deren Dissipationsrate ε berechnet. Es gilt der Zusammenhang:

$$\eta_t = C_\eta \cdot \frac{\rho k^2}{\varepsilon} \qquad (2.122)$$

mit $k = \frac{1}{2}(\overline{u'^2} + \overline{v'^2} + \overline{w'^2})$ und der empirisch zu bestimmenden Konstante C_η.

Die Transportgleichungen beschreiben den konvektiven Transport, die Produktion, Diffusion und Dissipation der Turbulenzenergie und der Fluktuationen der Wirbelstärke. Um das Gleichungssystem lösbar zu machen, müssen einige Terme durch Modellannahmen in Ausdrücke umgewandelt werden, die nur $\bar{u}, \bar{v}, \bar{w}, k$ und ε enthalten. Die Transportgleichungen für k und ε, die Kontinuität und die 3 Impulsgleichungen ergeben so ein geschlossenes Gleichungssystem zur Bestimmung der 6 Unbekannten $\bar{u}, \bar{v}, \bar{w}, p, k$ und ε. Dieses sogenannte Standard $k - \varepsilon$ Modell benötigt 5 empirische Konstanten.
Als weitere Turbulenzmodelle werden das algebraische Spannungsmodell (ASM) und das Reynoldsspannungsmodell (RSM) angewandt. Beim ASM-Modell werden zu den Transportgleichungen für k und ε noch algebraische Gleichungen für die Komponenten des Reynoldschen Spannungstensors gelöst. Umfangreicher ist noch das RSM-Modell, bei dem Transportdifferentialgleichungen für jede Komponente des Reynoldsschen Spannungstensors zu lösen sind.
Eine kritische Beurteilung der mit den bekannten Turbulenzmodellen erzielten Ergebnisse für die turbulente Couette-Strömung ist in [27] enthalten.

Turbulente Rohrströmung. Mit zunehmender Reynolds-Zahl $Re = w_m D/\nu > 2320$ wird die Verteilung der zeitlich gemittel-

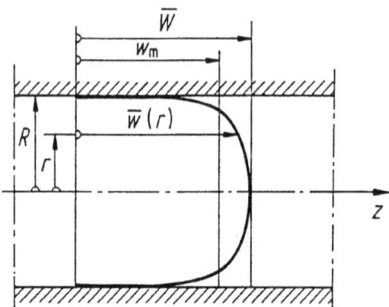

Bild 2.36. Geschwindigkeitsverteilung in turbulenter Rohrströmung

ten Geschwindigkeit $\bar{w}(r)$ rechteckförmiger (Bild 2.36). Folgender Potenzansatz hat sich zur Beschreibung bewährt:

$$\frac{\bar{w}(r)}{\overline{W}} = \left(1 - \frac{r}{R}\right)^{1/n} \quad \text{mit} \quad n = 7. \qquad (2.123)$$

Bei diesem Gesetz ist die Wandschubspannung vom Rohrradius unabhängig. Die turbulente Strömung ist durch die lokalen Eigenschaften des Stromfeldes bestimmt. Zwischen der über den Rohrquerschnitt gemittelten Geschwindigkeit $\bar{w}_m$ und der maximalen Geschwindigkeit $\overline{W}$ gilt der Zusammenhang $\bar{w}_m = 0,816\,\overline{W}$. Der Gültigkeitsbereich von (2.123) wird für $Re > 10^5$ verlassen, da n im Exponenten mit wachsender Reynolds-Zahl zunimmt.

2.3.7 Grenzschichttheorie

Bei sehr großen Reynolds-Zahlen, $Re = u_\infty l/\nu \gg 1$, ist der Reibungseinfluß in der Grenzschicht dominant. Aufgrund der Haftbedingung an der Körperoberfläche erfolgt der Geschwindigkeitsanstieg von Null auf den Wert der Außenströmung in dieser Grenzschicht der Dicke δ. Für eine stationäre ebene Strömung ohne Massenkraft folgen aus der Kontinuitätsgleichung und den Navier-Stokesschen Gleichungen für $\delta \ll l$ die Prandtlschen Grenzschichtgleichungen [15]:

$$\frac{\partial u}{\partial x} + \frac{\partial v}{\partial y} = 0, \qquad (2.124)$$

Reibungsbehaftete inkompressible Strömungen

$$u\frac{\partial u}{\partial x} + v\frac{\partial u}{\partial y} = -\frac{1}{\rho}\cdot\frac{\mathrm{d}p}{\mathrm{d}x} + \nu\frac{\partial^2 u}{\partial y^2}. \quad (2.125)$$

Der Druck $p(x)$ in der Grenzschicht wird durch die Außenströmung aufgeprägt. Über die Bernoulli-Gleichung folgt der Zusammenhang mit der Geschwindigkeit U der Außenströmung zu

$$-\frac{1}{\rho}\cdot\frac{\mathrm{d}p}{\mathrm{d}x} = U\frac{\mathrm{d}U}{\mathrm{d}x}.$$

Impulssatz der Grenzschichttheorie

Die integrale Erfüllung der Grenzschichtgleichungen im Bereich $0 \leq y \leq \delta$ führt zu dem Impulssatz

$$\frac{\mathrm{d}}{\mathrm{d}x}(U^2\delta_2) + \delta_1 U\frac{\mathrm{d}U}{\mathrm{d}x} = \frac{\tau_w}{\rho}. \quad (2.126)$$

Dabei ist $\delta_1 = \int_0^\infty (1 - u/U)\,\mathrm{d}y$ die Verdrängungsdicke, $\delta_2 = \int_0^\infty u/U(1-u/U)\,\mathrm{d}y$ die Impulsverlustdicke und τ_w die Wandschubspannung. Analog dazu läßt sich ein Energiesatz für die Grenzschicht herleiten. Der Impulssatz bildet die Grundlage von Näherungsverfahren zur Berechnung von Grenzschichten [28].
In differenzierter Form lautet der Impulssatz (2.126):

$$\frac{\mathrm{d}\delta_2}{\mathrm{d}x} + \delta_2 \cdot \frac{1}{U}\frac{\mathrm{d}U}{\mathrm{d}x}\left(2 + \frac{\delta_1}{\delta_2}\right) = \frac{\tau_w(x)}{\rho U^2}. \quad (2.127)$$

Dies ist eine gewöhnliche Differentialgleichung zur Bestimmung der Grenzschichtgrößen δ_1, δ_2 und τ_w entlang der Grenzschichtkoordinate x bei gegebener Außenströmung $U(x)$. Bei Berücksichtigung des molekularen und makroskopischen Impulsaustausches durch die Turbulenz gilt dieser Impulssatz für laminare und turbulente Grenzschichtströmungen.
Das Verhältnis von Verdrängungs- und Impulsverlustdicke wird

als Formparameter $H = \delta_1/\delta_2$ bezeichnet. Damit läßt sich folgende Ablösebedingung formulieren, die zugleich die Gültigkeitsgrenze stromab für die Gleichung (2.127) darstellt:

$$\text{Ablösung} \quad H = \frac{\delta_1}{\delta_2} \geqq \begin{cases} 3,5 & \text{laminare Strömung} \\ 2,4 & \text{turbulente Strömung} \end{cases}$$

Das *Pohlhausenverfahren* geht von einem Polynom 4. Ordnung für den Ansatz der Geschwindigkeitsverteilung aus. Die 4 Koeffizienten werden durch 3 Bedingungen am Grenzschichtrand und durch die Grenzschichtgleichung an der Wand (Wandbindung) bestimmt. Als Formfaktor tritt hier der Pohlhausenparameter

$$\Lambda = \frac{\delta^2}{\nu} \cdot \frac{dU}{dx}$$

auf, der die Geschwindigkeitsverteilung entlang der Koordinate x charakterisiert.

Von Holstein-Bohlen wurde die Größe

$$\Gamma = \frac{\delta_2^2}{\nu} \cdot \frac{dU}{dx}$$

als Formparameter eingeführt. Damit ist die Grenzschichtdicke δ durch die exakt definierte Impulsverlustdicke δ_2 ersetzt. Mit einer auf Walz zurückgehenden Vereinfachung für den Verlauf des Formparameters Γ ergibt sich für den Impulssatz (2.127) die geschlossene Lösung:

$$\delta_2^2 = \delta_2^2(0) + \frac{0,45\nu}{U^6} \int_0^x U^5 \, dx. \tag{2.128}$$

Hieraus läßt sich dann der Verlauf der Wandschubspannung bestimmen.

Weitere Entwicklungen bei diesen Verfahren mit einparametrigen Ansätzen der Geschwindigkeitsverteilungen beziehen sich auf die Verwendung des Energiesatzes statt der Wandbindung.

Wird das Geschwindigkeitsprofil durch einen zweiparametrigen

Ansatz beschrieben, dann werden alle drei Gleichungen: Impulssatz, Wandbindung und Energiesatz, benötigt [29].
Über diese Weiterentwicklungen der Grenzschichttheorie gibt es umfangreiche Darstellungen in der Literatur [15], [30], [31].
Zur Auswertung der Näherungsmethoden in der Grenzschichttheorie sind numerische Methoden meistens unumgänglich. Mit den numerischen Methoden lassen sich heute nicht nur die Grenzschichtgleichungen (2.124, 2.125) sondern auch in vielen Fällen die Navier-Stokesschen Gleichungen lösen. Daß die Grenzschichttheorie trotzdem ihre Berechtigung erhält, wurde in [32] aufgezeigt.

Reibungswiderstand der Plattengrenzschicht

Bei der Umströmung einer ebenen Platte ist der Druck $p = $ const und damit ohne Einfluß. Es stellt sich bei laminarer Strömung die in Bild 2.37 dargestellte Grenzschicht ein. Aus der Lösung der Gleichungen (2.124, 2.125) folgt für die Platte der Länge l die Grenzschichtdicke mit $Re = u_\infty l / \nu$:

$$\frac{\delta}{l} = \frac{3,46}{\sqrt{Re}}. \tag{2.129}$$

Der *lokale Reibungsbeiwert* c_f ist mit $Re_x = u_\infty x / \nu$

$$c_f = \frac{\tau_w}{\frac{1}{2}\rho u_\infty^2} = \frac{0,664}{\sqrt{Re_x}}. \tag{2.130}$$

Bei einfacher Benetzung folgt durch Integration der Reibungswiderstand in normierter Form für die Platte der Länge l und Breite b:

$$c_F = \frac{F_W}{\frac{1}{2}\rho u_\infty^2 bl} = \frac{1,328}{\sqrt{Re}} \quad \text{(Blasius).} \tag{2.131}$$

Für sehr große Reynolds-Zahlen, $Re > 5 \cdot 10^5$, liegt eine *turbulente Grenzschichtströmung* vor. Mit dem Potenzgesetz (2.123) für die

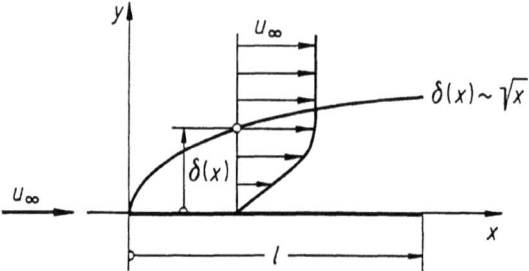

Bild 2.37. Laminare Plattengrenzschicht

Geschwindigkeitsverteilung ergeben sich für die turbulente Plattengrenzschicht bei einfacher Benetzung für hydraulisch glatte Oberflächen

$$\frac{\delta}{l} = \frac{0,37}{Re^{1/5}}, \qquad (2.132)$$

$$c_f = \frac{\tau_w}{\frac{1}{2}\rho u_\infty^2} = \frac{0,0577}{Re_x^{1/5}}, \qquad (2.133)$$

$$c_F = \frac{F_W}{\frac{1}{2}\rho u_\infty^2 bl} = \frac{0,074}{Re^{1/5}} \qquad (2.134)$$

$(5 \cdot 10^5 < Re < 10^7)$ (Prandtl).

Auf der Basis des logarithmischen Wandgesetzes gilt für einen größeren Reynoldszahlenbereich [15]:

$$c_F = \frac{0,455}{(\lg Re)^{2,58}} - \frac{1\,700}{Re} \quad \text{(Prandtl-Schlichting)}. \qquad (2.135)$$

Der zweite Anteil berücksichtigt den laminar-turbulenten Übergang mit der kritischen Reynolds-Zahl $Re_\text{crit} = 5 \cdot 10^5$.
Für die vollkommen turbulent rauhe Plattenströmung gilt

$$c_F = \left(1,89 + 1,62 \lg \frac{l}{k_S}\right)^{-2,5} \quad \left(10^2 < \frac{l}{k_S} < 10^6\right). \qquad (2.136)$$

Reibungsbehaftete inkompressible Strömungen

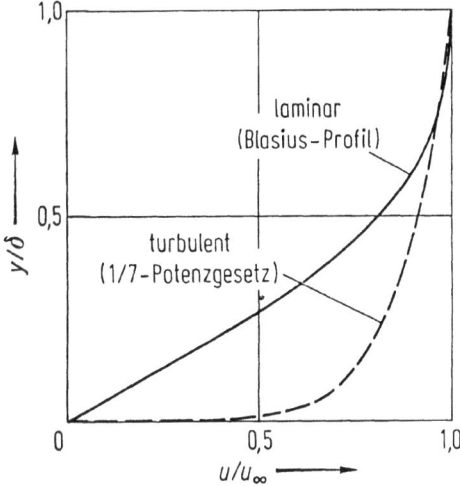

Bild 2.38. Geschwindigkeitsverteilung bei laminarer und turbulenter Strömung an der ebenen Platte

Die Rauhigkeit ist dabei durch die äquivalente Sandkornrauhigkeit k_S charakterisiert.

Die charakteristischen Unterschiede zwischen der laminaren und der turbulenten Grenzschichtströmung an der ebenen Platte werden anhand der Geschwindigkeitsverteilungen in Bild 2.38 deutlich. Im laminaren Fall steigt die Geschwindigkeitsverteilung nahezu gleichmäßig über die Grenzschicht an, was durch das Blasius-Profil wiedergegeben wird. Nach dem laminarturbulenten Umschlag, der hier bei Reynolds-Zahlen im Bereich $Re \cong 5 \cdot 10^5$ erfolgt, stellt sich bei der turbulenten Grenzschichtströmung ein völlig verändertes Profil ein. Nahe der Wand erfolgt ein sehr starker Anstieg, der dann allmählich zum Übergang in die Außenströmung führt. Dieser Geschwindigkeitsanstieg wird durch die makroskopische Turbulenzbewegung hervorgerufen, die mit einem entsprechenden Impulsaustausch quer zur Strömungsrichtung verbunden ist. Mit steigender Reynolds-Zahl wird das Geschwindigkeitsprofil gegenüber dem 1/7-Potenzgesetz

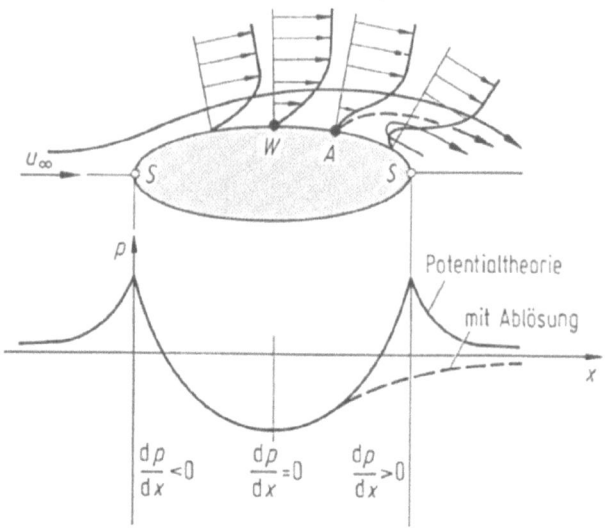

Bild 2.39. Profilumströmung mit Ablösung

noch völliger. Diese vom Turbulenzgeschehen in Wandnähe geprägte Geschwindigkeitsverteilung ändert sich im äußeren Bereich der Grenzschicht durch die freie Turbulenz. In einer detaillierten Darstellung wird dieser Effekt durch eine sogenannte Nachlauffunktion berücksichtigt, wodurch sich aber eine umfangreichere Darstellung der Geschwindigkeitsverteilung innerhalb der Grenzschicht ergibt.

Da der Reibungswiderstand direkt dem Geschwindigkeitsgradienten an der Wand entspricht, ergibt sich bei turbulenter Strömung ein wesentlich höherer Widerstand. In Bild 2.61 ist dieses Resultat für die Plattenumströmung dargestellt.

Strömungsablösung

Bei der Umströmung von Körpern wird der Grenzschicht im Bereich verzögerter Strömung ein positiver Druckgradient

$\mathrm{d}p/\mathrm{d}x > 0$ aufgeprägt. Mit der Grenzschichtgleichung (2.125) ergibt sich auf dem Profil der Zusammenhang zwischen Druckgradient und Krümmung des Geschwindigkeitsprofils:

$$\frac{1}{\rho} \cdot \frac{\mathrm{d}p}{\mathrm{d}x} = \nu \left(\frac{\partial^2 u}{\partial y^2}\right)_w.$$

Bild 2.39 zeigt eine laminare Profilumströmung mit Ablösung und den dazugehörigen Druckverlauf. Im Dickenmaximum ist $\mathrm{d}p/\mathrm{d}x = 0$, und auf der Oberfläche tritt ein Wendepunkt im Geschwindigkeitsprofil auf. Mit steigendem Druckgradienten wandert dieser Wendepunkt in die Grenzschicht, bis an der Wand eine vertikale Tangente im Geschwindigkeitsprofil auftritt. In diesem Ablösepunkt ist die Wandschubspannung $\tau_w = 0$. Es kommt stromab zu einer Rückströmung. Die der Potentialtheorie entsprechende Druckverteilung in Bild 2.39 wird dabei erheblich verändert. Hierdurch tritt neben dem Reibungswiderstand durch die unsymmetrische Druckverteilung ein Druckwiderstand auf.

2.3.8 Impulssatz

Mit dem Impulssatz sind globale Aussagen über Strömungsvorgänge in einem Kontrollraum nach Bild 2.40 möglich. Die zeitliche Änderung des Impulses ist gleich der Resultierenden der äußeren Kräfte:

$$\begin{aligned}\frac{\mathrm{d}\boldsymbol{I}}{\mathrm{d}t} &= \frac{\mathrm{d}}{\mathrm{d}t}\int_V \rho\boldsymbol{w}\,dV = \int_V \frac{\partial \rho\boldsymbol{w}}{\partial t}\,\mathrm{d}V + \int_A \rho\boldsymbol{w}(\boldsymbol{w}\cdot\boldsymbol{n})\,\mathrm{d}A \\ &= \sum \boldsymbol{F}_\mathrm{A}. \end{aligned} \quad (2.137)$$

Diese Bilanzaussage ist für reibungsfreie und reibungsbehaftete Strömungsvorgänge gültig. Mit der Beschränkung auf stationäre Strömungen braucht die Integration nur über die Oberfläche A des Kontrollraumes ausgeführt werden. Der Impulssatz beschreibt das Gleichgewicht zwischen Impuls-, Oberflächen- und Massenkräften:

$$\boldsymbol{F}_\mathrm{I} + \sum \boldsymbol{F}_\mathrm{A} = 0. \quad (2.138)$$

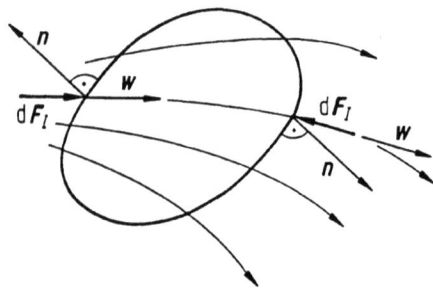

Bild 2.40. Durchströmter Kontrollraum

Die Impulskraft ist hierin $\boldsymbol{F}_\mathrm{I} = -\int_A \rho \boldsymbol{w}(\boldsymbol{w} \cdot \boldsymbol{n})\,\mathrm{d}A$ und die Druckkraft $\boldsymbol{F}_\mathrm{D} = -\int_A p\boldsymbol{n}\,\mathrm{d}A$.

Anwendungsbeispiele

Haltekraft von Diffusor und Düse

Gesucht ist die Haltekraft F_H, die am Diffusor über die Schrauben angreift. Mit $p_2 = p_\mathrm{a}$ und konstanten Werten für p und w über den Querschnitten folgt für den Kontrollraum nach Bild 2.41 in x-Richtung ($\rho = $ const):

$$\rho w_1^2 A_1 + p_1 A_1 - \rho w_2^2 A_2 - p_\mathrm{a} A_1 + F_\mathrm{H} = 0. \qquad (2.139)$$

Mit der Kontinuitätsbedingung $w_1 A_1 = w_2 A_2$ wird

$$F_\mathrm{H} = \rho w_2^2 \left(A_2 - \frac{A_2^2}{A_1}\right) + (p_\mathrm{a} - p_1)A_1. \qquad (2.140)$$

Aus der Bernoulli-Gleichung folgt bei reibungsfreier Strömung

$$p_1 - p_\mathrm{a} = \frac{1}{2}\rho(w_2^2 - w_1^2) = \frac{1}{2}\rho w_2^2 \left(1 - \frac{A_2^2}{A_1^2}\right). \qquad (2.141)$$

Die Haltekraft ergibt sich dann zu

$$F_\mathrm{H} = -\frac{1}{2}\rho w_1^2 A_1 \left(\frac{A_1}{A_2} - 1\right)^2. \qquad (2.142)$$

Reibungsbehaftete inkompressible Strömungen

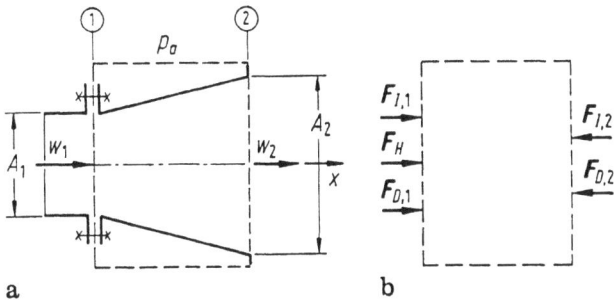

Bild 2.41. Diffusorströmung. a Kontrollraum, b Kräftebilanz

Die Haltekraft $\boldsymbol{F}_H$ ist in negative x-Richtung gerichtet. Die Schrauben werden auf Zug beansprucht. Die Kraft von der Strömung auf den Diffusor wirkt in Strömungsrichtung. Dieses Resultat ist für den Diffusor mit $A_2 > A_1$ und für die Düse mit $A_2 < A_1$ gültig.

Durchströmen eines Krümmers

Gesucht ist die Haltekraft $\boldsymbol{F}_H$ am frei ausblasenden Krümmer in Bild 2.42. Ohne Massenkraft wird aus dem Impulssatz (2.138):

$$\boldsymbol{F}_{I1} + \boldsymbol{F}_{I2} + \boldsymbol{F}_{D1} + \boldsymbol{F}_{D2} + \boldsymbol{F}_{D3,4} + \boldsymbol{F}_H = 0. \qquad (2.143)$$

Mit konstanten Geschwindigkeiten in den beiden Querschnitten folgen die Impulskräfte

$$\boldsymbol{F}_{I1} = -\boldsymbol{n}_1 \rho w_1^2 A_1, \qquad \boldsymbol{F}_{I2} = -\boldsymbol{n}_2 \rho w_2^2 A_2. \qquad (2.144)$$

Die Druckkräfte lassen sich mit der Tatsache, daß ein konstanter Druck auf eine geschlossene Fläche keine resultierende Kraft ausübt, vereinfachend zusammenfassen. Mit $p_2 = p_a$ folgt

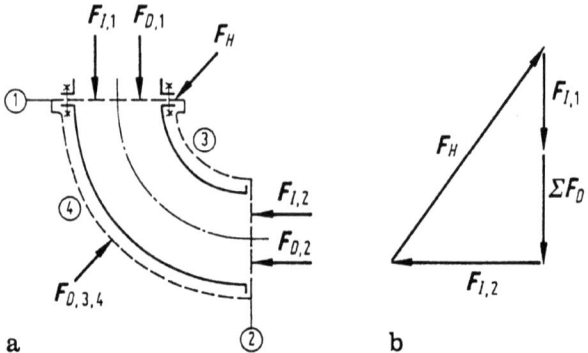

Bild 2.42. Durchströmter Krümmer. **a** Kräfte am Kontrollraum, **b** Kräftedreieck

$$\begin{aligned}\sum \boldsymbol{F}_\mathrm{D} &= \boldsymbol{F}_{\mathrm{D}1} + \boldsymbol{F}_{\mathrm{D}2} + \boldsymbol{F}_{\mathrm{D}3,4} \\ &= -\left\{\int_{A_1}(p_1 - p_\mathrm{a})\boldsymbol{n}\,\mathrm{d}A + \int_{A_1} p_\mathrm{a}\boldsymbol{n}\,\mathrm{d}A \right. \\ &\quad \left. + \int_{A_2} p_\mathrm{a}\boldsymbol{n}\,\mathrm{d}A + \int_{A_{3,4}} p_\mathrm{a}\boldsymbol{n}\,\mathrm{d}A\right\} \\ &= -\int_{A_1}(p_1 - p_\mathrm{a})\boldsymbol{n}\,\mathrm{d}A. \end{aligned} \quad (2.145)$$

Aus dem Kräftedreieck in Bild 2.42 resultiert die Haltekraft $\boldsymbol{F}_\mathrm{H}$ durch vektorielle Addition der beiden Impulskräfte $\boldsymbol{F}_{\mathrm{I}1}$ und $\boldsymbol{F}_{\mathrm{I}2}$ sowie der resultierenden Druckkraft $\sum \boldsymbol{F}_\mathrm{D}$. Die Haltekraft $\boldsymbol{F}_\mathrm{H}$ wird von den Schrauben durch Zug- und Schubkräfte aufgenommen.

Schubkraft eines Strahltriebwerkes

Die Impulsbilanz wird auf den Kontrollraum in Bild 2.43 angewandt. Auf den Kontrollflächen vor und hinter dem Triebwerk

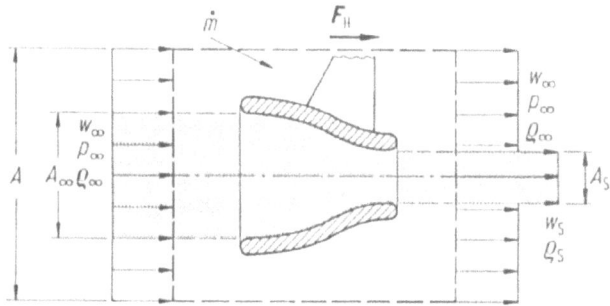

Bild 2.43. Kontrollraum beim Flugtriebwerk

ist der Druck $p = p_\infty$. Der Fangquerschnitt A_∞ wird durch den Antrieb auf den Strahlquerschnitt A_S verringert. Die Geschwindigkeit im Strahl wird von w_∞ auf w_S erhöht. Aus der Massenstrombilanz außerhalb des Triebwerkes folgt die Massenzufuhr durch die seitlichen Kontrollflächen

$$\dot m = \rho_\infty w_\infty (A_\infty - A_S). \tag{2.146}$$

Damit verbunden ist eine Impulskraft in x-Richtung (M = Mantelfläche):

$$\boldsymbol{F}_{1,x} = -\int_M \rho w_x (\boldsymbol{w}\cdot\boldsymbol{n})\,dA = w_\infty \dot m = \rho_\infty w_\infty^2 (A_\infty - A_S). \tag{2.147}$$

Die Impulsbilanz ergibt damit

$$\begin{aligned}\rho_\infty w_\infty^2 A + \rho_\infty w_\infty^2 (A_\infty - A_S)\\ -\rho_S w_S^2 A_S - \rho_\infty w_\infty^2 (a - A_S) + F_H = 0.\end{aligned} \tag{2.148}$$

Im Gleichgewicht folgt für die Haltekraft

$$F_H = \rho_S w_S^2 A_S - \rho_\infty w_\infty^2 A_\infty = \dot m_T (w_S - w_\infty). \tag{2.149}$$

Der Massenstrom im Triebwerk ist $\dot m_T = \rho_S w_S A_S = \rho_\infty w_\infty A_\infty$. Der Schub S ist der Haltekraft F_H entgegengerichtet: $S = -F_H$.

Aus der Beziehung (2.149) sind die Möglichkeiten zur Schubsteigerung zu erkennen.

Leistung einer Windenergieanlage

Durch Verzögerung der Geschwindigkeit wird mit dem Windrad in Bild 2.44 dem Luftstrom Energie entzogen. Die Massenbilanz für die den Propeller einschließende Stromröhre liefert

$$\rho w_\infty A_1 = \rho w_3 A_3 = \rho w_S A_5 = \dot{m}. \qquad (2.150)$$

Zwischen den Querschnitten ① und ② sowie ④ und ⑤ ist die Bernoulli-Gleichung gültig. Mit der Voraussetzung $A_2 \approx A_3 \approx A_4$ folgt $w_2 \approx w_3 \approx w_4$ und damit die Druckdifferenz

$$p_2 - p_4 = \Delta p = \frac{\rho}{2}(w_\infty^2 - w_S^2). \qquad (2.151)$$

Für den Kontrollraum zwischen den Querschnitten A_1 und A_5 folgt mit dem Impulssatz:

$$F_H = -\rho w_\infty^2 A_1 + \rho w_S^2 A_5 = -\dot{m}(w_\infty - w_S). \qquad (2.152)$$

Für den Kontrollraum zwischen A_2 und A_4 gilt nach dem Impulssatz:

$$F_H = -(p_2 - p_4)A_3 = -\frac{\rho}{2}(w_\infty^2 - w_S^2)A_3. \qquad (2.153)$$

Durch das Gleichsetzen der Ergebnisse für die Haltekraft folgt die Geschwindigkeit im Querschnitt A_3 zu

$$w_3 = \frac{1}{2}(w_\infty + w_S). \qquad (2.154)$$

Die Leistung der Anlage ergibt sich zu

$$P = -F_H w_3 = +\frac{1}{4}\rho A_3(w_\infty^2 - w_S^2)(w_\infty + w_S) \qquad (2.155)$$

mit dem Maximalwert für $w_S = \frac{1}{3}w_\infty$:

$$P_{\max} = \frac{8}{27}\rho A_3 w_\infty^3. \qquad (2.156)$$

Reibungsbehaftete inkompressible Strömungen

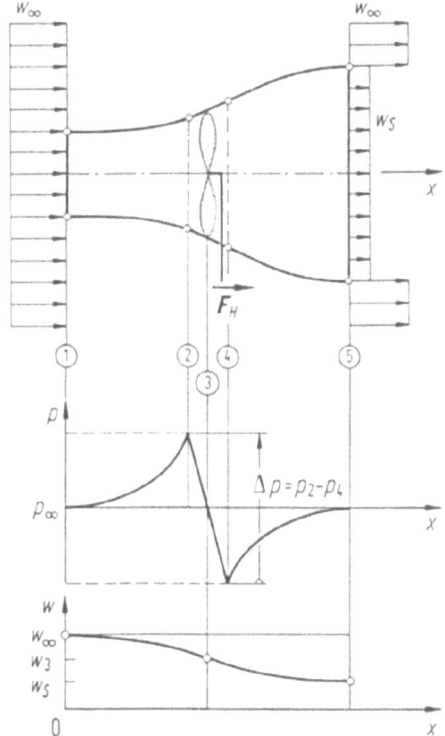

Bild 2.44. Windenergieanlage, Kontrollflächen sowie Druck- und Geschwindigkeitsverlauf

Bezogen auf den Energiestrom durch den Propeller folgt die Leistungskennzahl (Betz-Zahl)

$$c_B = \frac{P_{max}}{\frac{1}{2}\rho A_3 w_\infty^3} = \frac{16}{27} = 0,593. \qquad (2.157)$$

Diese Betz-Zahl c_B dient zur Charakterisierung von Windenergieanlagen.

Beispiel: Welche Leistung liefert eine Windenergieanlage mit einem Rotor mit $D = 10$ m bei einer Windgeschwindigkeit $w_\infty = 10$ m/s $= 36$ km/h? Aus (2.157) folgt mit der Dichte von Luft $\rho = 1{,}205$ kg/m^3

$$P_{max} = \frac{\rho}{2} \cdot \frac{\pi D^2}{4} w_\infty^3 c_B = 28 \text{kW}.$$

Diese maximale Leistung variiert also mit der 3. Potenz der Windgeschwindigkeit. Ist diese doppelt so groß, so ist $P_{max} = 224$ kW, während bei der halben Geschwindigkeit die Leistung auf $P_{max} = 3{,}5$ kW abfällt!

2.4 Druckverlust und Strömungswiderstand

2.4.1 Durchströmungsprobleme

Bei hydraulischen Problemen besteht die Hauptaufgabe in der Ermittlung des Druckverlustes durchströmter Leitungselemente wie gerader Rohre, Krümmer und Diffusoren. Aus Dimensionsbetrachtungen folgt für den Druckverlust bei ausgebildeter Strömung in geraden Rohren:

$$\Delta p_v = \frac{1}{2} \rho w_m^2 \frac{l}{D} \lambda. \qquad (2.158)$$

Der Koeffizient λ ist die sog. *Rohrreibungszahl*. Für die weiteren Rohrleitungselemente gilt

$$\Delta p_v = \frac{1}{2} \rho w_m^2 \zeta. \qquad (2.159)$$

Mit der Druckverlustzahl ζ werden die durch Sekundärströmungen hervorgerufenen Zusatzdruckverluste erfaßt. Bei turbulenter Strömung ist $\zeta = $ const und der Druckverlust proportional zum Quadrat der mittleren Geschwindigkeit w_m.

Strömungen in Rohren mit Kreisquerschnitt

Die Strömungsform in Kreisrohren ist von der Reynolds-Zahl $Re = w_m D/\nu$ abhängig, wobei für $Re < 2320$ laminare und für

Druckverlust und Strömungswiderstand

$Re > 2320$ turbulente Strömung auftritt. Der Reibungseinfluß wird durch die Rohrreibungszahl λ erfaßt, der von der Reynolds-Zahl Re und der relativen Wandrauhigkeit k/D abhängen kann. Es gelten die Beziehungen [2]:
Laminare Strömung:

$$\lambda = \frac{64}{Re} \quad (Re < 2320) \qquad \text{(Hagen-Poiseuille)} \quad (2.160)$$

Turbulente Strömung:

a) hydraulisch glatt $\lambda = \lambda(Re)$

$$\lambda = \frac{0,3164}{\sqrt[4]{Re}} \quad (2320 < Re < 10^5) \quad \text{(Blasius)} \quad (2.161)$$

$$\frac{1}{\sqrt{\lambda}} = 2,0 \lg(Re\sqrt{\lambda}) - 0,8 \qquad (2.162)$$

$$(10^5 < Re < 3 \cdot 10^6) \quad \text{(Prandtl)}$$

b) Übergangsgebiet $\lambda = \lambda(Re, k/D)$

$$\frac{1}{\sqrt{\lambda}} = -2,0 \lg\left(\frac{k}{D \cdot 3,715} + \frac{2,51}{Re\sqrt{\lambda}}\right) \qquad (2.163)$$
(Colebrook)

c) vollkommen rauh $\lambda = \lambda(k/D)$

$$\lambda = \frac{0,25}{\left(\lg \frac{3,715 D}{k}\right)^2} \quad \left(Re > 400 \frac{D}{k} \lg\left(3,715 \frac{D}{k}\right)\right). (2.164)$$

Bei der turbulenten Rohrströmung ist die Dicke der viskosen Unterschicht und die Rauhigkeit der Rohrwand für das globale Strömungsverhalten wichtig. Bei einer hydraulisch glatten Wand werden die Wandrauhigkeiten von der viskosen Unterschicht überdeckt. Im Übergangsbereich sind beide von gleicher Größenordnung. Bei vollkommen rauher Wand sind die Rauhigkeitserhebungen wesentlich größer als die Dicke der viskosen Unterschicht

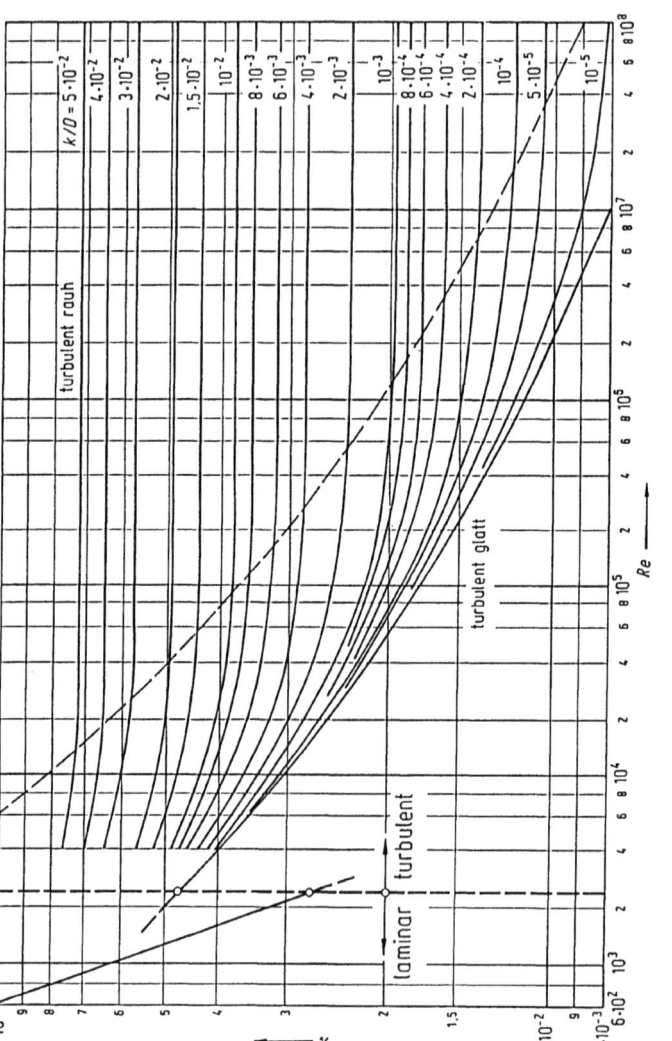

Bild 2.45. Rohrreibungszahl nach Moody/Colebrook [2]

Druckverlust und Strömungswiderstand 85

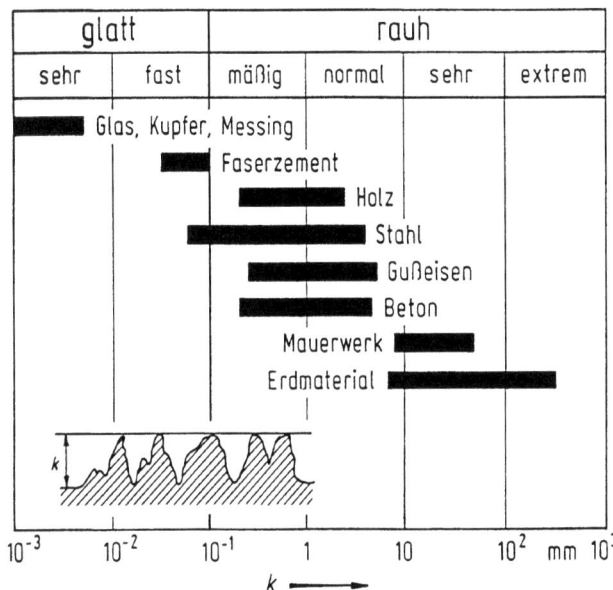

Bild 2.46. Wandrauhigkeiten verschiedener Materialien

und bestimmen damit die Reibung der turbulenten Strömung. In Bild 2.45, dem sog. Moody-Colebrook-Diagramm, ist die Rohrreibungszahl $\lambda(Re, k/D)$ für alle Bereiche der Rohrströmung als Diagramm dargestellt. Anhaltswerte für technische Rauhigkeiten k sind in Bild 2.46 für verschiedene Werkstoffe angegeben. Genaue Daten sind von der Bearbeitung und dem Betriebszustand des Rohres abhängig. Mit dem Rohrdurchmesser läßt sich dann die relative Rauhigkeit k/D bestimmen.

Strömungen in Leitungen mit nichtkreisförmigen Querschnitten

Die verschiedenen Querschnittsformen werden durch den hydraulischen Durchmesser d_h charakterisiert, der sich aus der Querschnittsfläche A und dem benetzten Umfang U ergibt:

$$d_\mathrm{h} = \frac{4A}{U}. \tag{2.165}$$

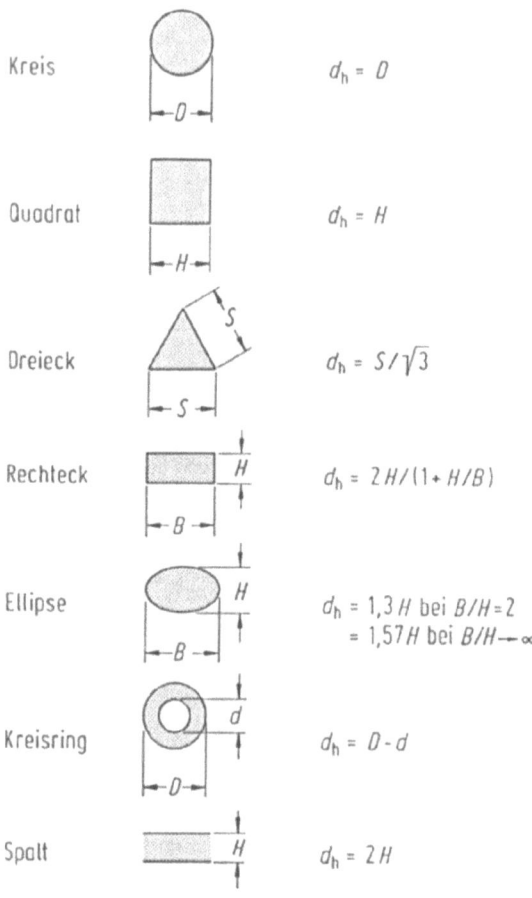

Bild 2.47. Querschnittsform und hydraulischer Durchmesser

In Bild 2.47 sind einige Beispiele zusammengestellt [33].
Bei laminarer Strömung ist die Rohrreibungszahl λ von der Geometrie abhängig. Die Geometrie beeinflußt die Geschwindigkeitsverteilung und damit die Wandreibung und den Druckverlust. Die analytische Berechnung von λ ist für elementare Geometrien möglich [2], [34]. In Bild 2.48 ist für laminare Strömung das Pro-

Druckverlust und Strömungswiderstand

dukt $\lambda \cdot Re$ mit $Re = w d_h / \nu$ für verschiedene Querschnittsformen dargestellt.
Bei turbulenter Strömung in nichtkreisförmigen Querschnitten wird durch den turbulenten Austausch die Geschwindigkeitsverteilung vergleichmäßigt [35]. Der Reibungseinfluß ist damit auf den Wandbereich beschränkt. Mit dem hydraulischen Durchmesser d_h lassen sich die Verluste auf die Rohrströmung mit Kreisquerschnitt zurückführen. Für die Rohrreibungszahl λ gelten bei turbulenter Strömung damit die Beziehungen (2.161 – 2.164) und das Diagramm von Moody-Colebrook [2] in Bild 2.45.
In einigen Fällen, wie z.B. beim Kreisring, genügt der hydraulische Durchmesser d_h allein nicht zur Charakterisierung der Querschnittsform. Bei exzentrischer Anordnung kann sich der Widerstandsbeiwert erheblich ändern, bei maximaler Exzentrizität ergibt sich eine Abnahme von λ um ca. 60 % [36].

Druckverluste bei der Rohreinlaufströmung

Durch die Umformung des Geschwindigkeitsprofiles tritt in der Einlaufstrecke ein erhöhter Druckabfall auf. In Bild 2.49 ist zu sehen, daß die Strömung in Rohrmitte beschleunigt werden muß und zusätzlich an der Wand über die Länge l ein größerer Geschwindigkeitsgradient vorliegt.
Bei laminarer Strömung folgt für die Zusatzdruckverlustzahl und die Länge der Einlaufstrecke [37]:

$$\zeta = 1,08, \quad \frac{l}{D} = 0,06 \, Re. \quad (2.166)$$

Bei turbulenter Strömung gleicht das Geschwindigkeitsprofil bei ausgebildeter Strömung mehr der Rechteckform, so daß nur ein geringer Zusatzverlust auftritt. Hierbei gilt nach [37]:

$$\zeta = 0,07, \quad \frac{l}{D} = 0,6 \, Re^{1/4}. \quad (2.167)$$

88   Hydrodynamik

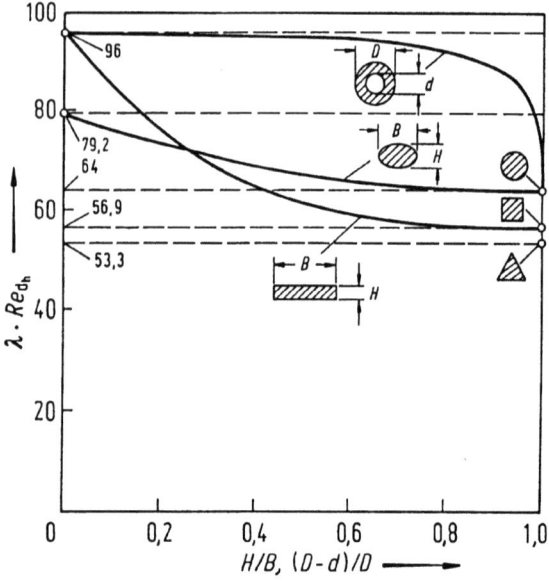

Bild 2.48. Rohrreibungszahl für verschiedene Querschnitte bei laminarer Strömung

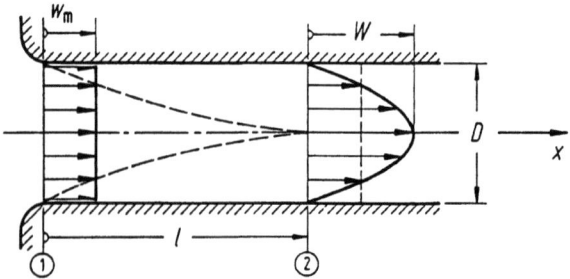

Bild 2.49. Rohreinlaufströmung

Druckverluste bei unstetigen Querschnittsveränderungen

Eine plötzliche Rohrerweiterung nach Bild 2.50a wird als Carnot-Diffusor bezeichnet. Mit der Kontinuitätsbedingung und dem Impulssatz folgt für die Druckerhöhung von ① → ② [1]:

$$C_p = \frac{p_2 - p_1}{\frac{1}{2}\rho w_1^2} = 2\frac{A_1}{A_2}\left(1 - \frac{A_1}{A_2}\right). \qquad (2.168)$$

Im Idealfall liefert die Bernoulli-Gleichung von ① → ②:

$$C_{p\,id} = \frac{p_{2\,id} - p_1}{\frac{1}{2}\rho w_1^2} = 1 - \left(\frac{A_1}{A_2}\right)^2. \qquad (2.169)$$

Die Druckverlustzahl folgt aus der Differenz zwischen idealem und realem Druckanstieg zu

$$\zeta_1 = \frac{\Delta p_v}{\frac{1}{2}\rho w_1^2} = C_{p\,id} - C_p = \left(1 - \frac{A_1}{A_2}\right)^2. \qquad (2.170)$$

Der Maximalwert $\zeta_1 = 1$ wird beim Austritt ins Freie, $A_2 \to \infty$, erreicht. Die verlustbehaftete Energieumsetzung ist bei $l/D = 4$ nahezu abgeschlossen. Bei der plötzlichen Rohrverengung in Bild 2.50b kommt es zu einer Strahleinschnürung, die auch als *Strahlkontraktion* bezeichnet wird. Die wesentlichen Verluste treten durch die Verzögerung der Geschwindigkeit zwischen den Querschnitten Ⓢ und ② auf. Mit der Kontinuitätsbedingung, dem Impulssatz und der Bernoulli-Gleichung von Ⓢ → ② folgt die Druckverlustzahl bezogen auf Querschnitt ①:

$$\zeta_1 = \frac{\Delta p_v}{\frac{1}{2}\rho w_1^2} = \frac{w_2^2}{w_1^2}\left(\frac{w_S}{w_2} - 1\right)^2 = \frac{A_1^2}{A_2^2}\left(\frac{A_2}{A_S} - 1\right)^2. \qquad (2.171)$$

Bezogen auf den Querschnitt ② ist die Druckverlustzahl

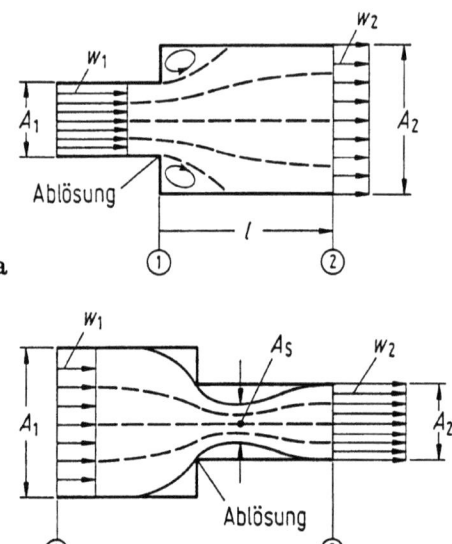

Bild 2.50. Querschnittsveränderung. a Carnot-Diffusor, b Rohrverengung

$$\zeta_2 = \frac{\Delta p_v}{\frac{1}{2}\rho w_2^2} = \left(\frac{A_2}{A_S} - 1\right)^2. \qquad (2.172)$$

Das Flächenverhältnis $A_S/A_2 = \mu$ wird als *Kontraktionszahl* bezeichnet. Bild 2.51a zeigt die Abhängigkeit der Strahlkontraktion μ vom Flächenverhältnis A_2/A_1 für die scharfkantige Rohrverengung [38]. Damit ist die Druckverlustzahl $\zeta_2 = \zeta_2(\mu)$ bekannt. In Bild 2.51b sind die Druckverlustzahlen ζ_1 der Rohrerweiterung und ζ_2 der Rohrverengung in Abhängigkeit vom Durchmesserverhältnis d/D aufgetragen.

Die Rohreinlaufgeometrie ergibt sich aus der Rohrverengung im Grenzfall $d/D \to 0$. Die Strahlkontraktion μ ist nun allein von der Geometrie des Rohranschlusses abhängig.

Bild 2.52 zeigt drei typische Fälle, wobei in Bild 2.52a durch die

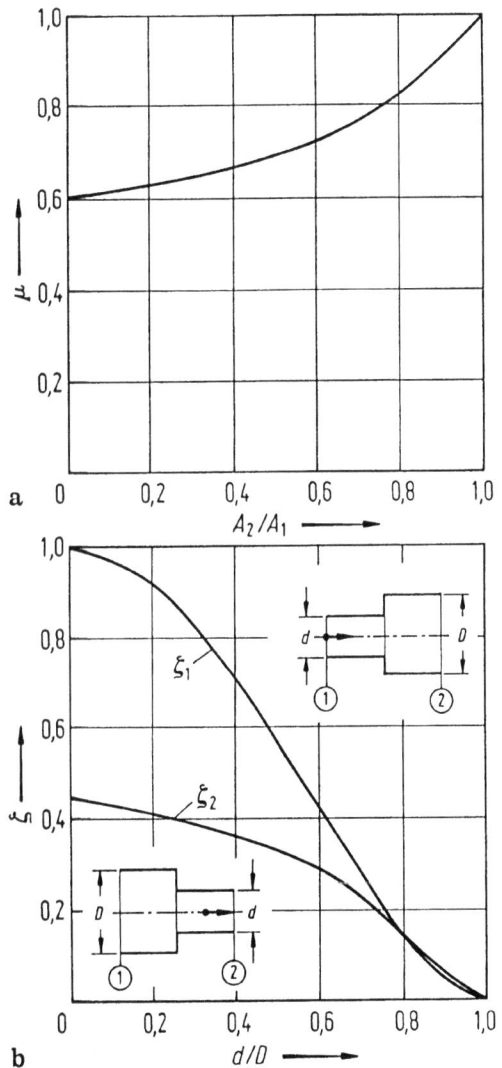

Bild 2.51. Unstetige Querschnittsänderungen. **a** Strahlkontraktion μ, **b** Druckverlustzahlen ζ

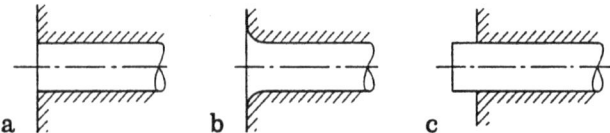

Bild 2.52. Rohreinlaufgeometrien. **a** Scharfkantig, **b** abgerundet, **c** vorstehend

scharfe Kante Kontraktion durch Ablösung auftritt, in Bild 2.52b die Ablösung durch Abrundung verhindert wird und in Bild 2.52c die Strahlkontraktion durch den vorstehenden Einlauf verstärkt wird. Für die Kontraktion μ und die Druckverlustzahl ζ_2 gilt [33]:

Fall	μ	ζ_2
a	0,6	0,45
b	0,99	~ 0
c	0,5	~ 1

Druckverluste bei stetigen Querschnittsänderungen

Die primäre Aufgabe von Diffusoren ist die Druckerhöhung durch Verzögerung der Strömung. Die Strömungseigenschaften in einem Diffusor nach Bild 2.53 hängen von der Geometrie (Flächenverhältnis A_2/A_1, Öffnungswinkel α) und von der Geschwindigkeitsverteilung der Zuströmung ab [39]. Die reale normierte Druckerhöhung

$$C_\mathrm{p} = \frac{p_2 - p_1}{\frac{1}{2}\rho w_1^2} \qquad (2.173)$$

wird als *Druckrückgewinnungsfaktor* bezeichnet. Die Druckverlustzahl ergibt sich aus der Differenz zwischen idealer (2.169) und

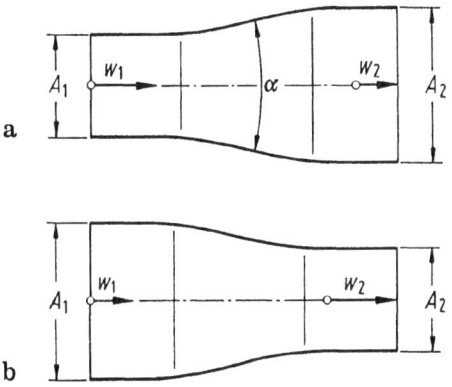

Bild 2.53. Stetige Querschnittsänderungen. a Diffusor, b Düse

realer (2.173) Druckerhöhung zu:

$$\zeta_1 = \frac{\Delta p_v}{\frac{1}{2}\rho w_1^2} = C_{p\,id} - C_p = 1 - \left(\frac{A_1}{A_2}\right)^2 - C_p. \quad (2.174)$$

Die Druckverlustzahl ζ_1 resultiert bei der Trennung von Öffnungswinkel und Querschnittsverhältnis aus der Beziehung

$$\zeta_1 = k(\alpha)\left(1 - \frac{A_1}{A_2}\right)^2. \quad (2.175)$$

Für den Faktor k gelten nach experimentellen Untersuchungen [1], [2], [39], [40] als Mittelwerte:

α	5°	7,5°	10°	15°	20°	40°	180°
k	0,13	0,14	0,16	0,27	0,43	1,0	1,0

Grenzwerte der Druckverlustzahl sind durch die Rohrströmung ($\alpha = 0$, $\zeta_1 = 0$) und den Austritt ins Freie ($\alpha = 180°$, $\zeta_1 = 1$)

gegeben. Bei einem Öffnungswinkel $\alpha = 40°$ wird bereits der Wert des entsprechenden Carnot-Diffusors erreicht. Im Bereich $40° < \alpha < 180°$ treten sogar noch höhere Verluste $\zeta_1 > 1$ auf, so daß hier der unstetige Übergang des Carnot-Diffusors mit geringeren Verlusten vorzuziehen ist.

Optimale Diffusoren ergeben sich bei Öffnungswinkeln α von 5° bis 8°. In einer Düse (Bild 2.53b) ist die Umsetzung von Druckenergie in kinetische Energie nahezu verlustfrei möglich. Die Zusatzdruckverluste sind deshalb mit

$$\zeta_1 = (0\ldots 0,075) \qquad (2.176)$$

gering [37].

Druckverluste bei Strömungsumlenkung

Der Krümmer ist ein wesentliches Element zur Richtungsänderung von Rohrströmungen. In Bild 2.54 sind die Bezeichnungen der geometrischen Größen eingetragen. Zusatzdruckverluste sind auf Sekundärströmungen, Ablöseerscheinungen und Vermischungsvorgänge zum Geschwindigkeitsausgleich zurückzuführen. Der Einfluß der Krümmung und der Oberflächenbeschaffenheit auf die Druckverlustzahl ζ ist in Bild 2.54 für einen Rohrkrümmer mit $\varphi = 90°$ dargestellt [40]. Bei kleinen Radienverhältnissen R/D steigen die Verluste stark an. Der Einfluß des Umlenkwinkels φ läßt sich über den Proportionalitätsfaktor k

α	30°	60°	90°	120°	150°	180°
k	0,4	0,7	1,0	1,25	1,5	1,7

mit $\zeta = k\zeta_{90°}$ aus den Werten in Bild 2.54 berücksichtigen. Den Einfluß unterschiedlicher Bauarten zeigt Bild 2.55 für Krümmer mit Rechteckquerschnitt [41]. Die Druckverlustzahlen ζ gelten für Flachkantkrümmer mit dem Seitenverhältnis $h/b = 0,5$ und der Reynolds-Zahl $Re = w_m d_h/\nu = 10^5$. Die Strömung im

Druckverlust und Strömungswiderstand

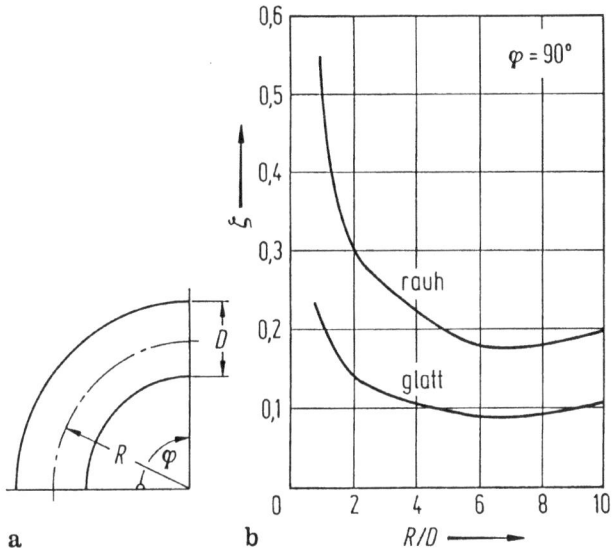

Bild 2.54. Kreisrohrkrümmer. a Geometrie, b Druckverlustzahlen

Krümmer und damit die Umlenkverluste sind stark von der Bauform abhängig. Bei mehrfacher Umlenkung mit Krümmerkombinationen (Bild 2.56) treten erhebliche Abweichungen auf [41]. Je nach der Anordnung der Hochkantkrümmer ($h/b = 2$) sind die Gesamtverluste kleiner oder größer als die Summe der Einzelverluste mit $\zeta = 2 \cdot 1{,}3 = 2{,}6$. Wird zwischen beide Krümmer ein Rohr mit der Länge $l > 6 d_\mathrm{h}$ zwischengeschaltet, werden die Kombinationseffekte vernachlässigbar.

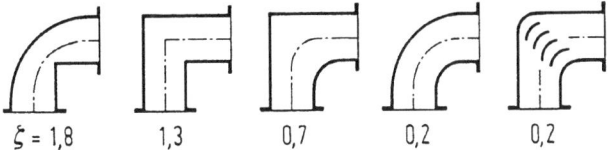

Bild 2.55. Bauformen von Rechteckkrümmern

96 Hydrodynamik

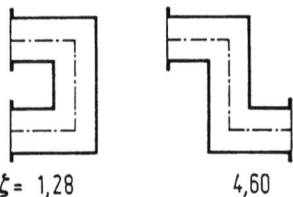

$\zeta = 1{,}28$ $4{,}60$

Bild 2.56. Kombination von Krümmern

Druckverluste von Absperr- und Regelorganen

Bei Formteilen zur Durchflußänderung ändert sich der Widerstand je nach Bauform und Öffnungszustand um mehrere Größenordnungen [42]. Im Öffnungszustand ist die Druckverlustzahl $\zeta = (0{,}2 \ldots 0{,}3)$ bei der Drosselklappe und Schieber, während bei Regelventilen bei entsprechender strömungstechnischer Ausführung Werte von $\zeta = 50$ erreicht werden. Bei teilweiser Öffnung steigen die Verluste erheblich an, wie die Diagramme in Bild 2.57 zeigen.

Druckverluste bei Durchflußmeßgeräten

Normblenden, Normdüsen und Venturi-Rohre in Bild 2.58a dienen zur Durchflußmessung [3]. Die Druckverlustzahlen ζ_2 bezogen auf den engsten Querschnitt D_2 sind in Bild 2.58b über dem Durchmesserverhältnis D_2/D_1 aufgetragen [2], [40]. Mit der Kontinuitätsbedingung folgt für die Druckverlustzahl ζ_1 bezogen auf den Rohrquerschnitt: $\zeta_1 = (A_1/A_2)^2 \cdot \zeta_2$. Für weitere Rohrleitungselemente wie Dehnungsausgleicher, Rohrverzweigungen und Rohrvereinigungen sowie Gitter und Siebe sind Druckverlustzahlen in [43], [44] angegeben.

Beispiel: Rohrhydraulik. Welche Druckdifferenz $p_1 - p_6$ ist notwendig, damit sich in der Anlage nach Bild 2.59 ein Volumenstrom $\dot{V} = 2 \cdot 10^{-3}$ m^3/s einstellt? Gegeben: Strömungsmedium Wasser bei 20°C, $\rho = 998{,}4$ kg/m^3, $\nu = 1{,}012 \cdot 10^{-6}$ m^2/s, Anlagengeometrie $h = 7$m, Rohre hydraulisch glatt $D_1 = 30$ mm, $D_2 = 60$ mm, $l_1 = 50$ m, $l_2 = 10$ m. Zwei unterschiedliche Lösungswege sind durch eine mechanische auf Kräftebilanzen basierenden sowie einer energetischen Betrachtungsweise entlang der Stromfadenkoordinate s möglich.

Druckverlust und Strömungswiderstand

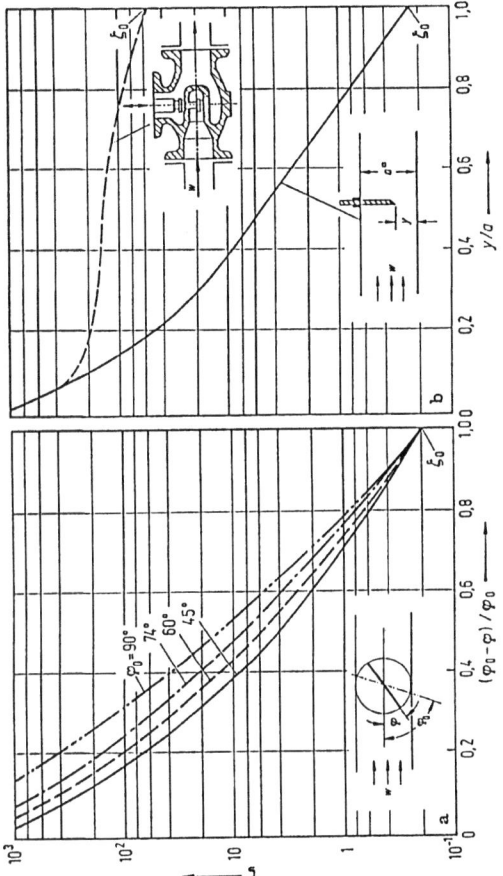

Bild 2.57 Druckverlustzahlen von Regelorganen. a Drosselklappe, b Ventil und Schieber

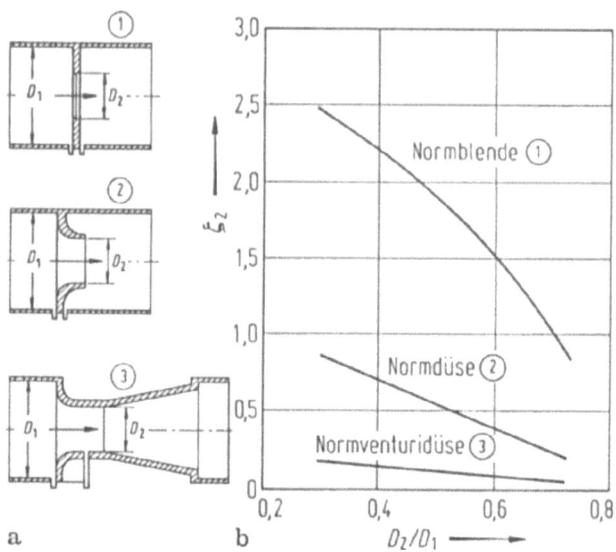

Bild 2.58. Durchflußmeßgeräte. **a** Bauformen der Normblende, Normdüse und Venturirohr; **b** Druckverlustzahlen

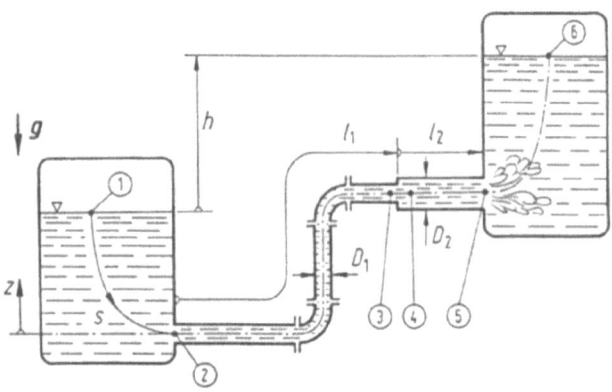

Bild 2.59. Strömungsanlage mit Rohrleitung

Druckverlust und Strömungswiderstand   99

a) Mechanische Betrachtung:
① → ② reibungsfreie Strömung, Bernoulli-Gleichung

$$p_1 + \frac{1}{2}\rho w_1^2 + \rho g z_1 = p_2 + \frac{1}{2}\rho w_2^2 + \rho g z_2$$

mit den Voraussetzungen $w_1 = 0$, $z_2 = 0$ folgt die Druckdifferenz

$$p_1 - p_2 = \frac{1}{2}\rho w_2^2 - \rho g z_1,$$

② → ⑤ reibungsbehaftete Rohrströmung mit Verlustelementen, Impulssatz, Kontinuität, Hydrostatik, Reynolds-Zahlen:

$$Re_1 = \frac{w_2 D_1}{\nu} = 8{,}39 \cdot 10^4$$

$$\text{mit} \quad w_2 = \frac{4}{\pi} \cdot \frac{\dot{V}}{D_1^2} = 2{,}83 \, \text{m/s},$$

$$Re_2 = \frac{w_4 D_2}{\nu} = 4{,}20 \cdot 10^4$$

$$\text{mit} \quad w_4 = w_2 \frac{D_1^2}{D_2^2} = 0{,}71 \, \text{m/s}.$$

In beiden Rohrabschnitten ist die Strömung turbulent. Die Rohrreibungszahlen folgen aus (2.161) zu

$$\lambda_1 = \frac{0{,}3164}{\sqrt[4]{Re_1}} = 0{,}0186, \qquad \lambda_2 = 0{,}0221,$$

Druckverlustzahlen für Rohreinlauf nach (2.167) $\zeta_E = 0{,}07$, Krümmer mit $R/D = 2$ nach Bild 2.54 $\zeta_K = 0{,}14$, Druckerhöhung im Carnot-Diffusor nach (2.168):

$$p_2 - p_3 = \frac{1}{2}\rho w_2^2 \left(\frac{l_1}{D_1}\lambda_1 + \zeta_E + 2\zeta_K \right) + \rho g z_5$$

$$= \frac{1}{2}\rho w_2^2 \cdot 31{,}35 + \rho g z_5$$

$$p_3 - p_4 = -\frac{1}{2}\rho w_2^2 \cdot 2\frac{A_1}{A_2}\left(1 - \frac{A_1}{A_2}\right) = -\frac{1}{2}\rho w_2^2 \cdot 0{,}375$$

$$p_4 - p_5 = \frac{1}{2}\rho w_4^2 \frac{l_2}{D_2}\lambda_2 = \frac{1}{2}\rho w_2^2 \frac{A_1^2}{A_2^2} \cdot \frac{l_2}{D_2}\lambda_2 = \frac{1}{2}\rho w_2^2 \cdot 0{,}230.$$

⑤ → ⑥ Freistrahl, Hydrostatik

$$p_5 - p_6 = \rho g(z_6 - z_5).$$

Zusammenfassung der Druckdifferenzen zwischen ① und ⑥ ergibt mit $z_6 - z_1 = h$;

$$p_1 - p_6 = \frac{1}{2}\rho w_2^2 \cdot 32,20 + \rho g h = 1,973 \,\text{bar}.$$

b) Energetische Betrachtung:

Energiegleichung (2.10) für stationär durchströmtes System von ① → ⑥ :

$$p_1 + \frac{1}{2}\rho w_1^2 + \rho g z_1 = p_6 + \frac{1}{2}\rho w_6^2 + \rho g z_6 + \Delta p_v.$$

Mit der Voraussetzung konstanter Spiegelhöhe, d.h. $w_1 = 0$, $w_6 = 0$ folgt:

$$p_1 - p_6 = \rho g(z_6 - z_1) + \Delta p_v.$$

Die Druckverluste Δp_v längs der Koordinate s setzen sich zusammen aus:

Rohreinlauf	$\Delta p_E = \frac{1}{2}\rho w_2^2 \zeta_E$	
Rohr mit l_1	$\Delta p_{R1} = \frac{1}{2}\rho w_2^2 \dfrac{l_1}{D_1}\lambda_1$	
Krümmer	$\Delta p_K = \frac{1}{2}\rho w_2^2 2\zeta_K$	
Carnot-Diffusor	$\Delta p_C = \frac{1}{2}\rho w_2^2 \zeta_1$ mit $\zeta_1 = \left(1 - \dfrac{A_1}{A_2}\right)^2$ nach (2.161)	
Rohr mit l_2	$\Delta p_{R2} = \frac{1}{2}\rho w_4^2 \dfrac{l_2}{D_2}\lambda_2$	
Austritt in Behälter	$\Delta p_A = \frac{1}{2}\rho w_4^2 \zeta_A$ mit $\zeta_A = 1$ nach (2.161)	

$$\Delta p_v = \frac{1}{2}\rho w_2^2 \left(\zeta_E + \frac{l_1}{D_1}\lambda_1 + 2\zeta_K + \zeta_1 + \frac{A_1^2}{A_2^2}\cdot\frac{l_2}{D_2}\lambda_2 + \frac{A_1^2}{A_2^2}\zeta_A\right)$$
$$= \frac{1}{2}\rho w_2^2 \cdot 32,20.$$

Damit folgt für die Druckdifferenz:

$$p_1 - p_6 = \rho g h + \frac{1}{2}\rho w_2^2 \cdot 32,20 = 1,973\,\text{bar}.$$

2.4.2 Umströmungsprobleme

Bei der Umströmung von Körpern, Fahrzeugen und Bauwerken tritt ein Strömungswiderstand auf. Der Gesamtwiderstand setzt sich aus Druck- und Reibungskräften zusammen, deren Anteile je nach Strömungsproblem variieren. Bild 2.60 zeigt die beiden Grenzfälle. Bei der quergestellten Platte (Bild 2.60a) tritt nur Druckwiderstand (Formwiderstand) auf. Die Strömung löst an den Plattenkanten ab, so daß sich hinter der Platte ein Rückströmgebiet bildet. Zur Struktur von Rückströmgebieten hinter Körpern unterschiedlicher Form gibt es neuere Untersuchungen [45]. Der Widerstand wird allein durch die Druckkräfte auf die Platte bestimmt. Bei der längs angeströmten Platte (Bild 2.60b) tritt nur Reibungswiderstand (Flächenwiderstand) auf. Bei allgemeinen Strömungsproblemen treten beide Anteile gleichzeitig auf, so daß der Widerstand von der Reynolds-Zahl der Anströmung abhängt. Berechnungsmöglichkeiten beschränken sich auf Stokessche Schichtenströmungen mit kleinen Reynolds-Zahlen und auf Grenzschichtprobleme, wobei die Grenzschichttheorie nur bis zur Ablösung gültig ist. Numerische Lösungsverfahren ermöglichen die Lösung spezieller Aufgaben. Für größere Reynolds-Zahlen sind experimentelle Untersuchungen unumgänglich. Neben dem Strömungswiderstand F_W in Strömungsrichtung tritt oft eine durch Anstellung oder asymmetrische Körperform verursachte Auftriebskraft F_A auf. Auch bei symmetrischen Querschnitten können im Bereich der kritischen Reynolds-Zahl durch Ablöseerscheinungen zeitlich veränderliche Auftriebskräfte

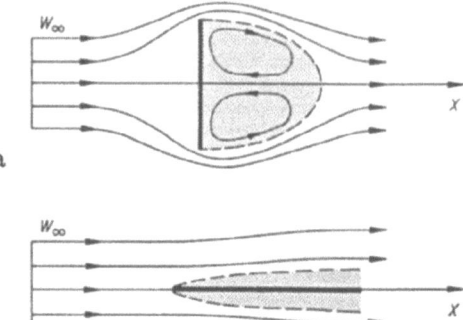

Bild 2.60. Plattenumströmung. **a** Druckwiderstand, **b** Reibungswiderstand

auftreten [46]. Für die dimensionslosen Widerstands- und Auftriebsbeiwerte gilt:

$$c_W = \frac{F_W}{\frac{1}{2}\rho w^2 A}, \qquad c_A = \frac{F_A}{\frac{1}{2}\rho w^2 A}. \qquad (2.177)$$

Hierbei ist $(\rho/2)w^2 = p_{dyn}$ der dynamische Druck der Anströmung und A eine geeignete Bezugsfläche des umströmten Körpers in Strömungsrichtung bzw. senkrecht dazu. Eine umfangreiche Zusammenstellung von Widerstandsbeiwerten ist in [47] enthalten.

Ebene Strömung um prismatische Körper

Bei der Umströmung des Kreiszylinders ist für kleine Reynolds-Zahlen, $Re = wD/\nu < 1$, eine analytische Lösung bekannt [48]:

$$c_W = \frac{8\pi}{Re(2{,}002 - \ln Re)}, \qquad Re = \frac{wD}{\nu}. \qquad (2.178)$$

Für größere Reynolds-Zahlen liegen Resultate aus Messungen vor [7], [49]. In Bild 2.61 sind die Widerstandsbeiwerte c_W bezogen auf die Fläche $A = DL$ über der Reynolds-Zahl Re aufgetragen.

Druckverlust und Strömungswiderstand 103

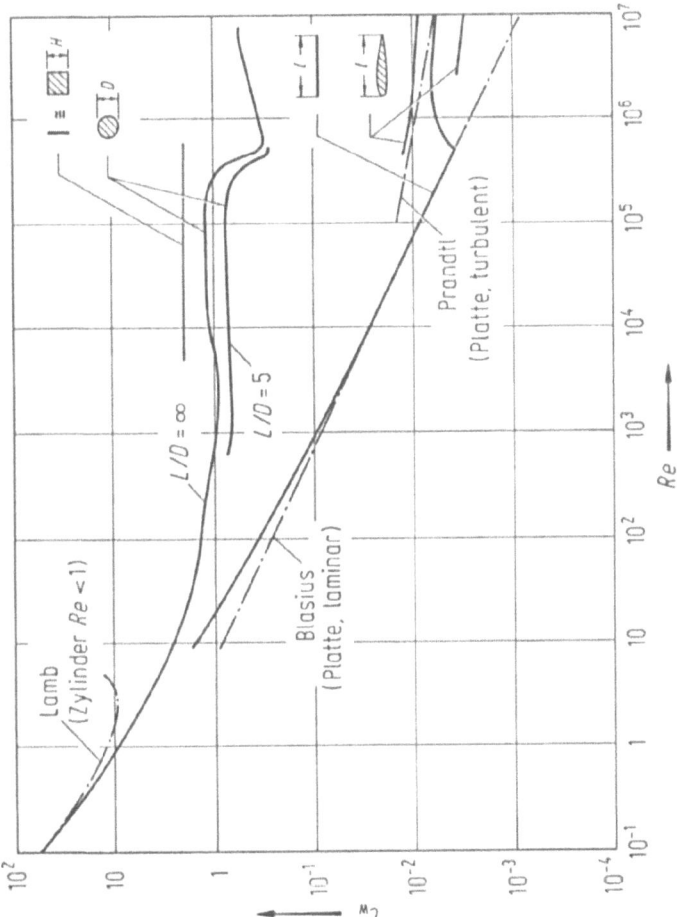

Bild 2.61. Widerstandsbeiwerte prismatischer Körper

Im Bereich der kritischen Reynolds-Zahl, $Re_{krit} \approx 4 \cdot 10^5$, findet ein Widerstandsabfall statt, da beim laminar-turbulenten Umschlag der Druckwiderstand stärker abnimmt als der Reibungswiderstand ansteigt. Eine Erhöhung der Rauhigkeit bewirkt eine Verringerung der kritischen Reynolds-Zahl und hat damit einen starken Einfluß auf den Widerstandsbeiwert. Eine endliche Länge des Zylinders bringt durch die seitliche Umströmung einen geringeren Widerstand, wie das Beispiel mit $L/D = 5$ in Bild 2.61 zeigt. Die quergestellte unendlich lange Platte hat durch die festen Ablösestellen einen konstanten Wert $c_W = 2{,}0$. Beim quadratischen Zylinder bilden die Kanten der Stirnfläche die Ablöselinien, so daß sich nahezu gleiche Widerstandswerte wie bei der Platte ergeben. Für die ebene, längs angeströmte Platte sind für laminare und turbulente Strömung theoretische Werte bekannt. Die Reynolds-Zahl ist mit der Plattenlänge l gebildet, $Re = wl/\nu$. Als Bezugsfläche $A = bl$ dient die Querschnittsfläche, so daß die Widerstandsbeiwerte (2.134), (2.135), (2.136) für die hier beidseitig umströmte Platte zu verdoppeln sind. Zwischen Theorie und Experiment besteht gute Übereinstimmung bis auf den Bereich kleinerer Reynolds-Zahlen, $Re < 10^4$, wo sich Hinterkanteneffekte aufgrund der endlichen Plattenlänge durch eine Widerstandserhöhung bemerkbar machen. Die Widerstandsbeiwerte für das Normalprofil NACA 4415 (National Advisory Committee for Aeronautics, USA) liegen oberhalb der turbulenten Plattengrenzschicht. Für das Laminarprofil NACA 66-009 liegen die Widerstandsbeiwerte dagegen unterhalb der Werte für die turbulente Plattengrenzschicht. Durch eine geeignete Profilform wird der laminar-turbulente Umschlag möglichst weit stromab verlagert, wodurch mit Laminarprofilen ein möglichst geringer Widerstand erreicht wird.

Umströmung von Rotationskörpern

Für die Kugelumströmung sind analytische Lösungen für kleine Reynolds-Zahlen $Re = wD/\nu$ bekannt [15]. Mit der Querschnittsfläche $A = \pi D^2/4$ als Bezugsfläche folgen die Widerstandsbeiwerte:

$$c_W = \frac{24}{Re}, \quad Re < 1 \quad \text{(Stokes)}, \quad (2.179)$$

$$c_W = \frac{24}{Re}\left(1 + \frac{3}{16}Re\right), \quad Re \leq 5 \quad \text{(Oseen)}, \quad (2.180)$$

$$c_W = \frac{24}{Re}\left(1 + 0{,}11\sqrt{Re}\right)^2, \quad Re \leq 6000, \quad (2.181)$$
(Abraham)

Der Widerstand nach Stokes (2.179) setzt sich aus 1/3 Druckwiderstand und 2/3 Reibungswiderstand zusammen. In (2.180) wurde von Oseen in erster Näherung der Trägheitseinfluß mitberücksichtigt. Die Beziehung (2.181) ist empirisch auf der Basis von Grenzschichtüberlegungen gewonnen [50]. Als Sonderfälle folgen für $Re < 1$ [51]:

$$c_W = \frac{64}{\pi Re} = \frac{20{,}4}{Re} \quad (2.182)$$

quergestellte Kreisscheibe,

$$c_W = \frac{128}{3\pi Re} = \frac{13{,}6}{Re} \quad (2.183)$$

längs angeströmte Kreisscheibe.

Bei der quergestellten Scheibe (2.182) tritt nur Druckwiderstand und bei der längs angeströmten Scheibe (2.183) nur Reibungswiderstand auf. In Bild 2.62 sind gemessene Widerstandsbeiwerte [7], [52], [53] über der Reynolds-Zahl aufgetragen. Die analytischen Lösungen stellen Asymptoten für kleine Reynolds-Zahlen dar. Der Kugelwiderstand fällt sehr stark im Bereich des laminar-turbulenten Umschlages und steigt danach wieder an. Für ein in Strömungsrichtung gestrecktes Ellipsoid ergeben sich gegenüber der Kugel größtenteils niedrigere Widerstandsbeiwerte. Optimale Widerstandsbeiwerte lassen sich mit Stromlinienkörpern erreichen [54]. Die quergestellte Scheibe hat bei größeren Reynolds-Zahlen eine feste Ablöselinie am äußeren Rand, so daß sich ein konstanter Widerstandsbeiwert einstellt.

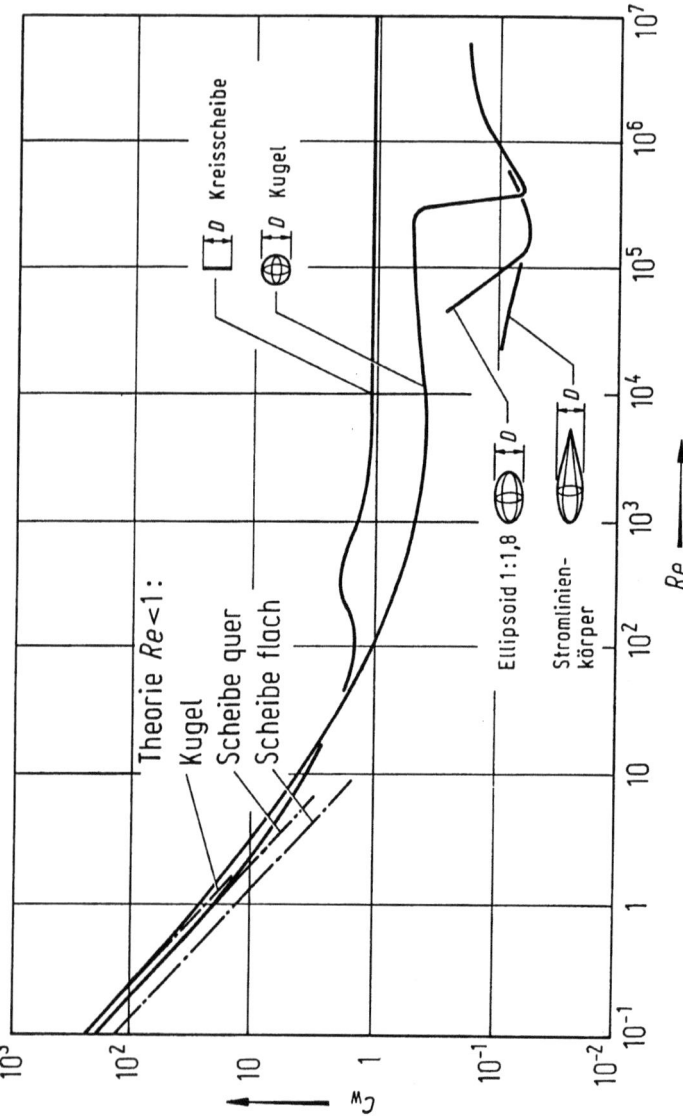

Bild 2.62. Widerstandsbeiwerte von Rotationskörpern

Druckverlust und Strömungswiderstand 107

Kennzahlunabhängige Widerstandsbeiwerte [7], [38]

Für größere Reynolds-Zahlen, $Re > 10^4$, sind bei Körpern mit festen Ablöselinien die Widerstandsbeiwerte nahezu unabhängig von der Reynolds-Zahl. Die Widerstandskraft ist dann proportional zum Quadrat der Anströmgeschwindigkeit. In der Tabelle 2-2 sind einige Beispiele zusammengestellt. Interessant ist das Widerstandsverhalten der beiden hintereinander angeordneten Kreisscheiben, deren Gesamtwiderstand kleiner als der Widerstand einer Scheibe werden kann (Windschattenproblem). Durch eine Variation von Abstand und Durchmesser können erhebliche Widerstandsreduzierungen erreicht werden [55]. Die Widerstands- und Auftriebsbeiwerte der Profilstäbe entsprechen den Messungen in [7]. Lastannahmen für Profilstäbe sind in [56] zusammengestellt. Aerodynamische Eigenschaften von Bauwerken sind in [57] und [58] umfassend dargestellt. Über die Zusammensetzung des Widerstandes von kraftfahrzeugähnlichen Körpern und Möglichkeiten zur Widerstandsreduzierung sind interessante Aspekte in [59] enthalten.

Beispiel: Welche Kräfte belasten eine Verkehrszeichentafel bei normaler und tangentialer Anströmung? Gegeben: Breite $b = 1,5$ m, Höhe $h = 3$ m, Windgeschwindigkeit $w = 20$ m/s $= 72$ km/h, Dichte und kinematische Viskosität der Luft $\rho = 1,188$ kg/m^3, $\nu = 15,24 \cdot 10^{-6}$ m^2/s. Lösung: Anströmung normal zur Oberfläche $A = bh$ mit $c_W = 1,15$ nach Tabelle 2-2, $F_W = (\rho/2)w^2 A c_W = 1\,230$ kg m/s$^2 = 1\,230$ N. Anströmung tangential zur Oberfläche, Reynolds-Zahl $Re = wb/\nu = 1,97 \cdot 10^6$, Widerstandsbeiwert der turbulenten Plattengrenzschicht aus Bild 2.61 bzw. nach (2.136) mit dem Faktor 2, da beide Seiten überströmt werden.

$$c_W = 2c_F = 2\left[\frac{0,455}{(\lg Re)^{2,58}} - \frac{1\,700}{Re}\right] = 0,0062,$$
$$F_W = \frac{1}{2}\rho w^2 bh c_W = 6,63 N.$$

Tabelle 2-2. Widerstands- und Auftriebsbeiwerte kennzahlunabhängiger Körperformen

Kreisscheibe

$c_W = 1{,}11$

Rechteckplatte

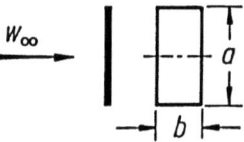

a/b	1	2	4	10	18	∞
c_W	1,0	1,15	1,19	1,29	1,40	2,01

Halbkugel

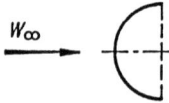

	ohne Boden	mit Boden
c_W	0,34	0,42

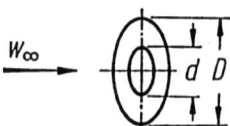

	ohne Boden	mit Boden
c_W	1,33	1,17

Kreisringplatte

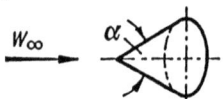

$c_W = 1{,}22 \quad \dfrac{d}{D} = 0{,}5$

Kegel

	mit Boden	
α	30°	60°
c_W	0,34	0,51

Druckverlust und Strömungswiderstand

2 Kreisscheiben hintereinander

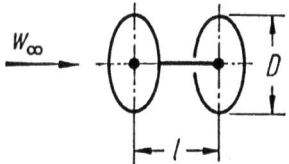

l/D	1	1,5	2	3
c_W	0,93	0,78	1,04	1,52

Kreiszylinder längs angeströmt

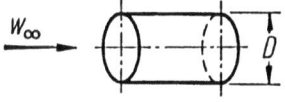

l/D	1	2	4	7
c_W	0,91	0,85	0,87	0,99

Profilstäbe

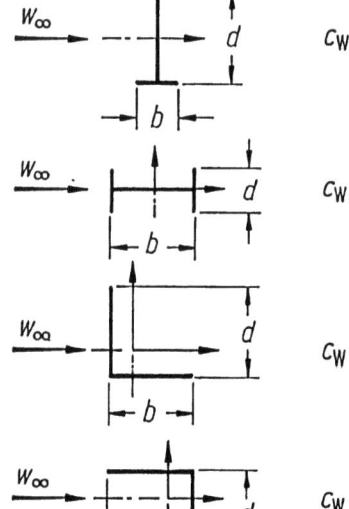

$c_W = 2,04 \quad c_A = 0 \quad \dfrac{b}{d} \approx 0,5$

$c_W = 0,86 \quad c_A = 0 \quad \dfrac{b}{d} \approx 2$

$c_W = 2,0 \quad c_A = -0,3 \quad \dfrac{b}{d} \approx 1$

$c_W = 1,83 \quad c_A = 2,07 \quad \dfrac{b}{d} \approx 1$

Die Belastung durch Druckkräfte ist erheblich größer als durch Reibungskräfte.

Beispiel: Wie groß ist die Geschwindigkeit eines Fallschirmspringers bei stationärer Bewegung im freien Fall? Gegeben sind: Schirmdurchmesser $D = 8$ m, Masse von Person und Schirm $m = 90$ kg, Dichte der Luft $\rho = 1{,}188$ kg/m^3. Lösung: Entspricht die Schirmform einer offenen Halbkugel, so folgt aus Tabelle 2-2 der Widerstandsbeiwert $c_W = 1{,}33$. Mit (2.177): $F_W = mg = (\rho/2)w^2 A c_W$ ergibt sich die Fallgeschwindigkeit zu:

$$w = \left(\frac{8mg}{\pi D^2 \rho c_W}\right)^{1/2} \approx \left(\frac{8 \cdot 90\,\text{kg} \cdot 9{,}81\,\text{m/s}^2}{\pi \cdot 8^2\,\text{m}^2 \cdot 1{,}188\,\text{kg/m}^3 \cdot 1{,}33}\right)^{1/2}$$
$$\approx 4{,}7\,\text{m/s} \approx 17\,\text{km/h}.$$

In Wirklichkeit ist der Widerstandsbeiwert c_W durch die Porösität des Schirmes geringer und die Geschwindigkeit damit höher.

2.5 Strömungen in rotierenden Systemen

Beim Durchströmen rotierender Strömungskanäle wird dem Medium in Kraftmaschinen (Turbinen) Energie entzogen und in Arbeitsmaschinen (Pumpen) zugeführt. Für das in Bild 2.63 dargestellte Turbinenlaufrad folgt aus dem Erhaltungssatz für den Drehimpuls die Eulersche Turbinengleichung [1]:

$$P = M_T \omega = \dot{m}(u_1 c_{u1} - u_2 c_{u2}). \tag{2.184}$$

Die Leistung P des Turbinenrades als Produkt aus Drehmoment M_T und Winkelgeschwindigkeit ω ist vom Massenstrom $\dot{m}$ sowie den Geschwindigkeitsverhältnissen am Ein- und Austritt abhängig.

Strömungen in rotierenden Systemen

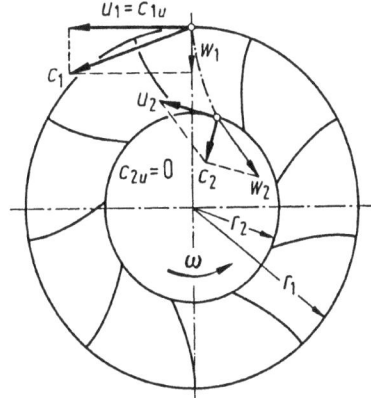

Bild 2.63. Geschwindigkeiten im Turbinenlaufrad

Drehmoment rotierender Körper

In viskosen Medien erfahren rotierende Körper ein Reibmoment. Für die frei rotierende Scheibe in Bild 2.64 gilt die Abhängigkeit

$$M = f(R, \omega, \rho, \eta). \qquad (2.185)$$

Aus dimensionsanalytischen Betrachtungen folgt der allgemeine Zusammenhang [14]

$$c_M = F(Re) \qquad (2.186)$$

mit $c_M = \dfrac{M}{\frac{1}{2}\rho R^5 \omega^2}$ und $Re = \dfrac{R^2 \omega}{\nu}$.

Für die schleichende Strömung, die laminare und turbulente Grenzschichtströmung resultiert aus der Theorie [15], [34] die Abhängigkeit des Drehmomentenbeiwertes c_M von der Reynolds-Zahl Re.

In Bild 2.65 sind die theoretischen Lösungen und Meßergebnisse aus [60] aufgetragen. Die Grenzen zwischen schleichender, laminarer und turbulenter Strömung können diesem Diagramm entnommen werden.

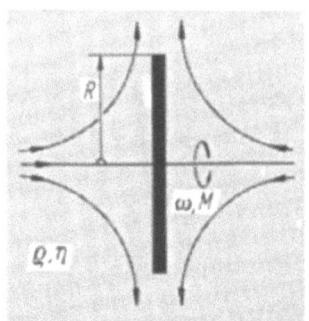

Bild 2.64. Frei rotierende Scheibe

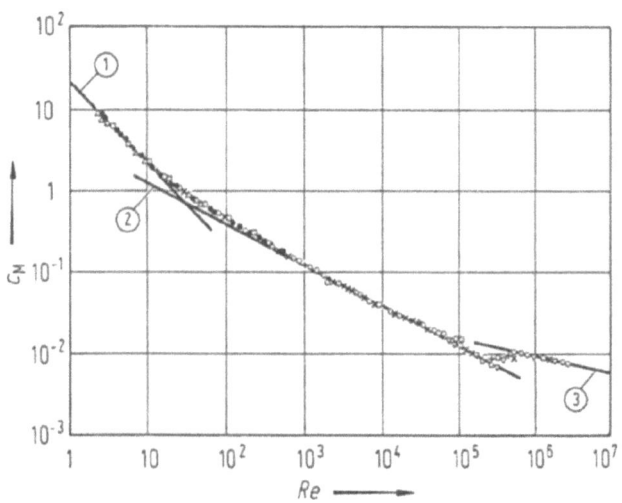

Theorie:
① $c_M = \dfrac{64}{3} \cdot \dfrac{1}{Re}$ (Müller)
② $c_M = 3{,}87/\sqrt{Re}$ (Cochran)
③ $c_M = 0{,}146/\sqrt[5]{Re}$ (v. Kármán)

Experimente: (Sawatzki)

Bild 2.65. Momentenbeiwert der frei rotierenden Scheibe

Strömungen in rotierenden Systemen

In der Tabelle 2-3 sind weitere geometrische Konfigurationen rotierender Körper aus Scheibe, Zylinder und Kugel zusammengestellt. Sind die rotierenden Körper von einem Gehäuse umgeben, so ist deren Geometrie von wesentlichem Einfluß.
Bei der rotierenden Scheibe im geschlossenen Gehäuse ist die normierte Spaltweite $\sigma = s/R$ ein weiterer Parameter. Ein Einfluß von σ auf das Drehmoment zeigt sich für kleine Werte $\sigma < 0,3$ im Bereich der laminaren Schichtenströmung. Für den Momentenbeiwert gelten die in der Tabelle 2-3 angegebenen Beziehungen aus [61]. Interessant ist die Feststellung, daß die rotierende Scheibe im Gehäuse für $Re > 10^4$ ein kleineres Drehmoment erfordert als die im unendlich ausgedehnten Medium rotierende Scheibe. Dieser Effekt ist auf die dreidimensionale Grenzschichtströmung im abgeschlossenen Gehäuse zurückzuführen. Beim rotierenden Zylinder stellt sich in der Umgebung die Geschwindigkeitsverteilung des Potentialwirbels ein. Bei Überschreitung einer bestimmten Reynolds-Zahl $Re_{krit} \approx 100$ wird die Strömung turbulent. Das Drehmomentverhalten ist dann nach [62] durch die implizite Darstellung gegeben. Ist der rotierende Zylinder von einem feststehenden äußeren Zylinder umgeben, dann stellt sich im Spalt die Couette-Strömung in Umfangsrichtung ein. Hier treten beim Überschreiten der kritischen Taylorzahl $Ta_c = \sqrt{1708} = 41,3$ ($\sigma \ll 1$) Taylorwirbel auf, wodurch das Drehmoment erheblich ansteigt [15]. Hier ist die dimensionslose Spaltweite $\sigma = s/R_1$ eine weitere Kennzahl für das Strömungsfeld. Die in Tabelle 2-3 angegebenen Grenzen der Taylorzahl $Ta = Re \cdot \sigma^{3/2}$ stammen aus Meßergebnissen für den Spalt mit $\sigma = s/R_1 = 0,028$ [63].

Bei der rotierenden Kugel wird das umgebende Medium durch die Haftbedingung in Umfangsrichtung mitgenommen. Aufgrund der Zentrifugalkraftwirkung tritt zusätzlich eine Geschwindigkeitskomponente in meridionaler Richtung von den Polen zum Äquator auf. Das Stromfeld ist dreidimensional, wobei die rotierende Kugel zu den Polen hin Medium ansaugt, das am Äquator in radialer Richtung weggeschleudert wird. Das Drehmoment

Tabelle 2-3. Drehmomentenbeiwerte rotierender Körper (Scheibe)

Scheibe	laminar	turbulent
beidseitig benetzt	$c_M = \dfrac{64}{3} \cdot \dfrac{1}{Re}$, $Re < 30$ $c_M = \dfrac{3{,}87}{\sqrt{Re}}$, $30 < Re < 3 \cdot 10^5$	$c_M = \dfrac{0{,}146}{\sqrt[5]{Re}}$, $Re > 3 \cdot 10^5$
$\sigma = s/R$	$c_M = \dfrac{2\pi}{\sigma} \cdot \dfrac{1}{Re}$, $Re < 10^4$ $c_M = \dfrac{2{,}67}{\sqrt{Re}}$, $10^4 < Re < 3 \cdot 10^5$	$c_M = \dfrac{0{,}0622}{\sqrt[5]{Re}}$, $Re > 3 \cdot 10^5$

Tabelle 2-3. Drehmomentenbeiwerte rotierender Körper (Zylinder)

Zylinder	laminar	turbulent
∞-lang, ω, L, R	Potentialwirbel $c_M = \dfrac{8\pi}{Re} \quad Re < 10^2$ bezogen auf Längeneinheit $\dfrac{L}{R} = 1$	$c_M = \dfrac{2\pi}{[-2{,}22 + 4{,}07 \log(Re \cdot \sqrt{c_M})]^2}$ $Re > 10^2$
$\omega_1 = \omega,\ \omega_2 = 0$, R_1, R_2, s, L	$c_M = \dfrac{8\pi}{Re}\dfrac{1}{[1-(R_1/R_2)^2]}$ $Ta < 41{,}3,\ \sigma = \dfrac{s}{R_1} \ll 1$, Couette-Strömung $41{,}3 < Ta < 400$, Taylorwirbel	$Ta = \dfrac{R_1 \omega_1 s}{\nu}\sqrt{\dfrac{s}{R_1}} = Re \cdot \sigma^{3/2}$ $c_M \sim \dfrac{1}{\sqrt[5]{Re}}$ $Ta > 400$ turbulente Strömung mit Taylorwirbel

Tabelle 2-3. Drehmomentenbeiwerte rotierender Körper (Kugel)

Kugel	laminar	turbulent
ω, R	$c_M = \dfrac{16\pi}{Re}$, $Re < 10$ $c_M = \dfrac{5{,}95}{\sqrt{Re}} + \dfrac{16{,}75}{Re}$, $10 < Re < 10^5$	$c_M = \dfrac{0{,}398}{\sqrt[5]{Re}}$, $Re > 2 \cdot 10^5$
$\omega_1 = \omega, \omega_2 = 0$, R_1, R_2, s	$c_M = \dfrac{16\pi}{Re\,[1-(R_1/R_2)^3]}$ $Ta < 41{,}3$, $\sigma = \dfrac{s}{R_1} \ll 1$, $c_M \sim \dfrac{1}{\sqrt{Re}}$, $Ta > 41{,}3$	$c_M \sim \dfrac{1}{\sqrt[5]{Re}}$ $Re \gtreqqless 6 \cdot 10^4$ für $\sigma = 0{,}154$

ist proportional zur Rotationsgeschwindigkeit, so daß bei kleinen Reynolds-Zahlen $Re < 10$ der Drehmomentenbeiwert aus der Lösung (2.105) mit $c_M = 16\pi/Re$ zugrunde gelegt werden kann. Das Widerstandsverhalten im Bereich $10 < Re < 10^5$ entspricht der laminaren Grenzschichtströmung, während sich für $Re > 2 \cdot 10^5$ die typische Abhängigkeit der turbulenten Strömung zeigt. Während der c_M-Wert für schleichende Strömung aus der Rechnung folgt, stammen die weiteren Abhängigkeiten aus experimentellen Untersuchungen [65].

Für das Kugelspaltproblem ergibt sich bei rotierender Innen- und ruhender Außenkugel der Drehmomentenbeiwert in Abhängigkeit von der Geometrie ($\sigma = s/R_1 = R_2/R_1 - 1$) für unterkritische Reynolds-Zahlen aus einer analytischen Rechnung. Im überkritischen Bereich ($Ta > 41,3$ für $\sigma \ll 1$) zeigt sich eine interessante Mehrdeutigkeit der Strömung, wobei das Drehmoment nicht nur von den Randbedingungen sondern zusätzlich von den Anfangsbedingungen abhängt. Für den abgeschlossenen Kugelspalt sind entsprechende experimentelle Ergebnisse in [66] dargestellt.
Tritt neben der Rotation noch eine überlagerte Durchströmung des Kugelspaltes auf, so wird das Drehmomentenverhalten zusätzlich vom Volumenstrom abhängig. Eine umfassende Darstellung der theoretischen und experimentellen Resultate zu diesem Strömungsproblem ist in [67] enthalten.

In bezug auf die generelle Abhängigkeit des Drehmomentenbeiwertes von der Reynolds-Zahl (2.186) zeigt die Tabelle 2-3 einige bemerkenswerte Gesetzmäßigkeiten:

$$c_M \sim \frac{1}{Re}, \text{laminare schleichende Strömung} \qquad (2.187)$$

$$c_M \sim \frac{1}{\sqrt{Re}}, \text{ laminare Grenzschichtströmung} \qquad (2.188)$$

$$c_M \sim \frac{1}{\sqrt[5]{Re}}, \text{turbulente Strömung.} \qquad (2.189)$$

Diese drei Gesetzmäßigkeiten sind typisch für die jeweiligen

Strömungsformen und treten im Prinzip bei allen ähnlichen Konfigurationen auf. Die Bereichsgrenzen werden durch den laminar-turbulenten Umschlag bestimmt. Im Strömungsmaschinenbau finden sich für diese einfachen und für komplexere Geometrien zahlreiche Anwendungsmöglichkeiten.

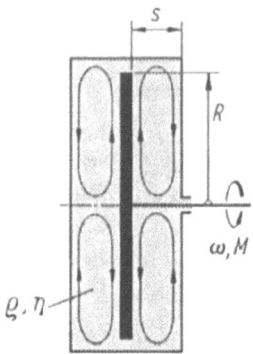

Bild 2.66. Rotierende Scheibe im Gehäuse

Beispiel: Ein scheibenförmiges Laufrad rotiert in einem mit Wasser gefüllten Gehäuse (Bild 2.66) mit der Drehzahl $n = 3\,000\,\frac{1}{\min} = 50\frac{1}{s}$. Wie groß sind Drehmoment und Leistung des Antriebs? Radius $R = 0,1$ m, Wasser $\rho = 998$ kg/m³, $\nu = 1,004 \cdot 10^{-6}$ m²/s, Winkelgeschwindigkeit $\omega = 2\pi n = 314,16\frac{1}{s}$, Reynolds-Zahl $Re = R^2\omega/\nu = 3,13\cdot 10^6$ (turbulente Grenzschichtströmung). Mit Tabelle 2-3 folgt der Momentenbeiwert $c_M = 0,0622/\sqrt[5]{Re} = 0,00312$ und mit (2.186) das Drehmoment $M = \frac{1}{2}\rho R^5 \omega^2 c_M = 1,537$ Nm. Die erforderliche Leistung ist $P = M\omega = 0,482$ kW. Würde dagegen das Laufrad frei ohne Gehäuse im Wasser rotieren, wäre der Momentenbeiwert $c_M = 0,146/\sqrt[5]{Re} = 0,00733$, das Drehmoment $M = 3,61$ Nm und die Leistung $P = 1,134$ kW.

3 Gasdynamik

3.1 Erhaltungssätze für Masse, Impuls und Energie

Die Strömung eines kompressiblen Mediums wird in jedem Punkt (x, y, z) des betrachteten Feldes zu jeder Zeit t durch diese Größen beschrieben:

Geschwindigkeit $\boldsymbol{w} = (u, v, w)$, Druck p,
Dichte ϱ, Temperatur T.

Zur Bestimmung dieser 6 abhängigen Zustandsgrößen werden 6 physikalische Grundgleichungen sowie Rand- und/oder Anfangsbedingungen der speziellen Aufgabe benötigt. Diese Grundgesetze sind die physikalischen Erhaltungssätze für Masse m, Impuls $\boldsymbol{I}$ und Energie E sowie eine thermodynamische Zustandsgleichung (das sind insgesamt 6 Gleichungen) in Integralform. Die Integralform der Gesetze führt zu den Kräften im Strömungsfeld (Auftrieb, Widerstand; siehe auch in 2.3.8 den Impulssatz) und zu den Verdichtungsstoßgleichungen. Die später zusätzlich gemachten Differenzierbarkeitsannahmen ergeben die Differentialgleichungen (Kontinuitätsgleichung, Euler- oder Navier-Stokes-Gleichung und Energiesatz).

Die Herleitung der integralen Sätze erfolgt am einfachsten im massenfesten, d.h. im mitschwimmenden Kontrollraum. Das Endergebnis gilt massenfest wie raumfest (Bild 3.1).

Massenerhaltung:

$$\frac{\mathrm{d}m}{\mathrm{d}t} = \frac{\mathrm{d}}{\mathrm{d}t} \int\limits_V \varrho \mathrm{d}V = \int\limits_V \frac{\partial \varrho}{\partial t} \mathrm{d}V + \int\limits_A \varrho \boldsymbol{w} \cdot \boldsymbol{n} \, \mathrm{d}A = 0. \qquad (3.1)$$

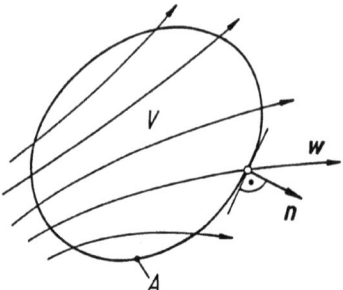

Bild 3.1. Kontrollbereich für integrale Erhaltungssätze. V Volumen, A Oberfläche, $\boldsymbol{n}$ äußere Normale

Das Volumenintegral über $\partial\varrho/\partial t$ erfaßt die zeitliche lokale Massenänderung im Volumen V, das Oberflächenintegral liefert den zugehörigen Massenzu- oder abfluß durch die Oberfläche A.

Impulssatz:

$$\frac{\mathrm{d}\boldsymbol{I}}{\mathrm{d}t} = \frac{\mathrm{d}}{\mathrm{d}t}\int\limits_V \varrho\boldsymbol{w}\,\mathrm{d}V$$

$$= \int\limits_V \frac{\partial\varrho\boldsymbol{w}}{\partial t}\mathrm{d}V + \int\limits_A \varrho\boldsymbol{w}(\boldsymbol{w}\cdot\boldsymbol{n})\,\mathrm{d}A = \boldsymbol{F}_\mathrm{M} + \boldsymbol{F}_\mathrm{A}. \quad (3.2)$$

Rechts treten alle am Kontrollbereich angreifenden Massenkräfte (Schwerkraft, Zentrifugalkraft, elektrische und magnetische Kraft usw) = $\boldsymbol{F}_\mathrm{M}$ sowie Oberflächenkräfte (Druckkraft, Reibungskraft usw.) = $\boldsymbol{F}_\mathrm{A}$ auf. Für die statische Druckkraft gilt

$$\boldsymbol{F}_\mathrm{D} = -\int\limits_A p\boldsymbol{n}\,\mathrm{d}A. \quad (3.3)$$

Energiesatz (Leistungsbilanz):

$$\begin{aligned}
\frac{dE}{dt} &= \frac{d}{dt}\int_V \varrho\left(e+\frac{1}{2}w^2\right)dV \\
&= \int_V \frac{\partial}{\partial t}\varrho\left(e+\frac{1}{2}w^2\right)dV \\
&\quad +\int_A \varrho\left(e+\frac{1}{2}w^2\right)(\boldsymbol{w}\cdot\boldsymbol{n})\,dA \\
&= P_M + P_A + P_W.
\end{aligned} \qquad (3.4)$$

e ist die spezifische innere Energie. Rechts stehen die Leistungen der Massenkräfte (P_M), der Oberflächenkräfte (P_A) sowie die übrigen Energieströme, z.B. durch Wärmeleitung (P_W), am Kontrollbereich.

Für die Leistung der Druckkraft gilt

$$P_D = -\int_A p(\boldsymbol{w}\cdot\boldsymbol{n})\,dA. \qquad (3.5)$$

Die Deutung der jeweils in (3.2) und (3.4) rechts auftretenden Integrale, lokale Änderung im Volumen V sowie zugehöriger Strom durch die Oberfläche A, ist analog zu der bei (3.1).

3.2 Allgemeine Stoßgleichungen

Die Erhaltungssätze liefern die Sprungrelationen für die Zustandsgrößen über Stoßflächen. Dies ist eine zweckmäßige Idealisierung der Tatsache, daß in sehr dünnen Schichten (von der Größenordnung der mittleren freien Weglänge des Gases) die Gradienten von Zustandsgrößen und Stoffparametern hohe Werte annehmen können. Im Rahmen der Kontinuumsmechanik sprechen wir daher von Unstetigkeiten (Verdichtungsstößen). Die integralen Erhaltungssätze (3.1) bis (3.4) geben für stationäre Strömung,

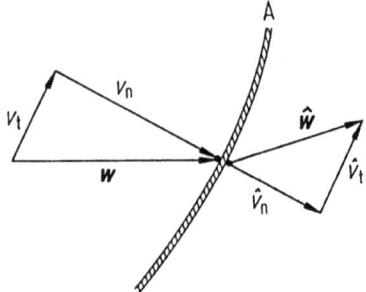

Bild 3.2. Geschwindigkeitskomponenten normal (v_n, $\hat{v}_n$) und tangential (v_t, $\hat{v}_t$) vor und nach dem Stoß

ohne Massenkräfte, Reibung und Wärmeleitung (Bild 3.2):

$$\varrho v_n = \hat{\varrho}\hat{v}_n,$$

$$\varrho v_n^2 + p = \hat{\varrho}\hat{v}_n^2 + \hat{p},$$

$$\varrho v_t v_n = \hat{\varrho}\hat{v}_t\hat{v}_n,$$

$$\varrho v_n \left[h + \frac{1}{2}(v_n^2 + v_t^2)\right] = \hat{\varrho}\hat{v}_n \left[\hat{h} + \frac{1}{2}(\hat{v}_n^2 + \hat{v}_t^2)\right].$$

Die Indizes n, t bezeichnen Normal- und Tangentialkomponenten, das Zeichen ˆ die Werte hinter dem Stoß, $h = e + p/\varrho$ die spezifische Enthalpie. Ist $\varrho v_n = 0$ - kein Massenfluß über A - so kann $v_t \neq \hat{v}_t$ sein, dann liegt eine Wirbelfläche vor. Für Verdichtungsstöße ist $\varrho v_n \neq 0$ und mit $v_t = \hat{v}_t$, also

$$\varrho v_n = \hat{\varrho}\hat{v}_n, \tag{3.6}$$

$$\varrho v_n^2 + p = \hat{\varrho}\hat{v}_n^2 + \hat{p}, \tag{3.7}$$

$$v_t = \hat{v}_t, \tag{3.8}$$

$$h + \frac{1}{2}v_n^2 = \hat{h} + \frac{1}{2}\hat{v}_n^2. \tag{3.9}$$

Allgemeine Stoßgleichungen

3.2.1 Rankine-Hugoniot-Relation

Elimination der Geschwindigkeitskomponenten in (3.6) bis (3.9) ergibt die allgemeinen Rankine-Hugoniot-Relationen [1], [2]:

$$\hat{h} - h = \frac{1}{2}\left(\frac{1}{\varrho} + \frac{1}{\hat{\varrho}}\right)(\hat{p} - p), \qquad (3.10)$$

$$\hat{e} - e = \left(\frac{1}{\varrho} - \frac{1}{\hat{\varrho}}\right)\left(\frac{\hat{p} + p}{2}\right). \qquad (3.11)$$

Der Zusammenhang mit dem 1. Hauptsatz im adiabaten Fall ist offensichtlich. Die Änderung der inneren Energie beim Stoß ist nach (3.11) gleich der Arbeit, die der mittlere Druck bei der Volumenänderung leistet. Für ideale Gase konstanten Verhältnisses κ der spezifischen Wärmen kommt die spezielle Form (RH) [3], [4]

$$\frac{\hat{p}}{p} = \frac{(\kappa + 1)\hat{\varrho} - (\kappa - 1)\varrho}{(\kappa + 1)\varrho - (\kappa - 1)\hat{\varrho}}. \qquad (3.12)$$

Die RH-Kurve und die Isentrope (Bild 3.3) haben im Ausgangspunkt $\hat{p}/p = 1$, $\varrho/\hat{\varrho} = 1$ Tangente und Krümmung gemeinsam. Das heißt, *schwache* Stöße verlaufen *isentrop*. Für *starke* Stöße, $\hat{p}/p \gg 1$, gilt dagegen $\hat{\varrho}/\varrho \to (\kappa + 1)/(\kappa - 1)$, während die Isentrope beliebig anwächst. Allerdings sind bei diesen extremen Zustandsänderungen reale Gaseffekte zu berücksichtigen. Es sind nur Verdichtungsstöße thermodynamisch möglich. Mit s, der spezifischen Entropie, folgt wegen $\hat{s} - s \geqq 0$

$$\frac{\hat{p}}{p} = \left(\frac{\hat{\varrho}}{\varrho}\right)^\kappa \exp\left(\frac{\hat{s} - s}{c_v}\right) \geqq \left(\frac{\hat{\varrho}}{\varrho}\right)^\kappa,$$

d.h., die RH-Kurve muß stets oberhalb der Isentropen liegen. Dies ist (Bild 3.3) nur für

$$\frac{\kappa - 1}{\kappa + 1} < \frac{\varrho}{\hat{\varrho}} \leqq 1,$$

d.h. bei Verdichtung, möglich.

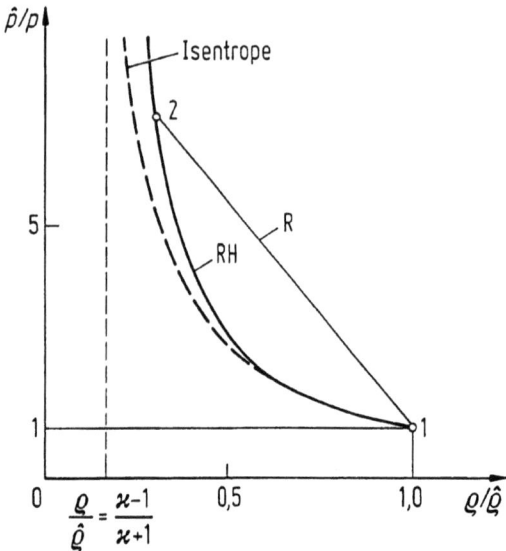

Bild 3.3. Rankine-Hugoniot-Kurve (RH), Rayleigh-Gerade (R) und Isentrope

3.2.2 Rayleigh-Gerade

Die sogenannten mechanischen Stoßgleichungen Massenerhaltung (3.6) und Impulssatz (3.7) führen zur Rayleigh-Geraden (R) [5]:

$$\frac{\hat{p}}{p} - 1 = \kappa M_n^2 \left(1 - \frac{\varrho}{\hat{\varrho}}\right) \tag{3.13}$$

mit der Abkürzung

$$M_n^2 = \frac{v_n^2}{\kappa \frac{p}{\varrho}} = \frac{v_n^2}{a^2}. \tag{3.14}$$

Diese Gerade (R) muß mit der (RH)-Kurve geschnitten werden (Bild 3.3) und führt damit im allgemeinen zu den zwei Lösungen (1) und (2) der Erhaltungssätze beim Verdichtungsstoß. (1) ist die Identität, sie ist aufgrund des Aufbaus der Gleichungen (3.6) bis (3.9) enthalten, (2) ist der Verdichtungsstoß. Das System der Erhaltungssätze ist also nicht eindeutig lösbar. Zusätzliche Bedingungen müssen hier eine Entscheidung herbeiführen. Im Grenzfall, daß beide Lösungen zusammenfallen, (R) also tangential zu (RH) und zur Isentropen im Ausgangspunkt (1,1) verläuft, gilt $M_n = 1$.

3.2.3 Schallgeschwindigkeit

Die in (3.14) formal vorgenommene Abkürzung führt zur Schallgeschwindigkeit a. Mit R_i als individueller und $R = 8,31451\,\text{J}/(\text{mol} \cdot \text{K})$ als universeller (molarer) Gaskonstante und M_i als molarer Masse des Stoffes i gilt für ideale Gase

$$a = \sqrt{\left(\frac{\partial p}{\partial \varrho}\right)_s} = \sqrt{\kappa \frac{p}{\varrho}} = \sqrt{\kappa \frac{R}{M_i} T} = \sqrt{\kappa R_i T}. \qquad (3.15)$$

Für $T = 300\,\text{K}$ wird

Gas	O_2	N_2	H_2	Luft
M_i in g/mol	32	28,016	2,016	≈ 29
a in m/s	330	353	1316	347

Diese Schallgeschwindigkeit ist die Ausbreitungsgeschwindigkeit kleiner Störungen der Zustandsgrößen in einem ruhenden, kompressiblen Medium. Sie ist eine Signalgeschwindigkeit, zum Unterschied von der Strömungsgeschwindigkeit. Betrachten wir die Ausbreitung einer Schallwelle in ruhendem Medium und wenden auf die Zustandsänderung in der Wellenfront Kontinuitätsbedingung sowie Impulssatz an, so erhalten wir (3.15) (siehe z.B. [6]). Die Schallgeschwindigkeit hängt von der Druck- und Dichtestörung in der Front ab. Führt eine Drucksteigerung in der Welle nur zu einer geringen Dichteänderung (inkompressibles Medium), so ist die Schallgeschwindigkeit groß. Kommt es zu einer beträchtlichen Dichtezunahme (kompressibles Medium), so ist a klein. Beim idealen Gas gelten die typischen Proportionalitäten

$a \sim \sqrt{T}$, $a \sim 1/\sqrt{M_i}$, womit Möglichkeiten der Variation von a gegeben sind. a ist eine wichtige Bezugsgeschwindigkeit für alle kompressiblen Strömungen. Ackeret führte 1928 zu Ehren von Ernst Mach die folgende Bezeichnung ein:

$$\frac{\text{Strömungsgeschwindigkeit}}{\text{Schallgeschwindigkeit}} = \frac{w}{a} = M \qquad (3.16)$$

Machsche Zahl oder Mach-Zahl.
Statt M schreibt man auch Ma.
Man unterscheidet danach Unterschallströmungen mit $M < 1$ und Überschallströmungen mit $M > 1$. Die wichtigsten Eigenschaften solcher Strömungen werden im folgenden behandelt.

3.2.4 Senkrechter Stoß

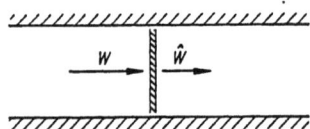

Bild 3.4. Senkrechter Verdichtungsstoß

Steht die Stoßfront senkrecht zur Anströmung (Bild 3.4), so ist $v_n = w$, $v_t = 0$. Für das ideale Gas konstanter spezifischer Wärmekapazitäten wird aus (3.6) bis (3.9)

$$\varrho w = \hat{\varrho}\hat{w},$$
$$\varrho w^2 + p = \hat{\varrho}\hat{w}^2 + \hat{p},$$
$$\frac{\kappa}{\kappa - 1} \cdot \frac{p}{\varrho} + \frac{1}{2}w^2 = \frac{\kappa}{\kappa - 1} \cdot \frac{\hat{p}}{\hat{\varrho}} + \frac{1}{2}\hat{w}^2. \qquad (3.17)$$

Bei gegebener Zuströmung (ϱ, p, w) kommen für die Zustandswerte die Identität oder die folgende Lösung für den senkrechten Stoß:

$$\frac{\hat{w}}{w} = \frac{\varrho}{\hat{\varrho}} = 1 - \frac{2}{\kappa + 1}\left(1 - \frac{1}{M^2}\right),$$

Allgemeine Stoßgleichungen

$$\frac{\hat{p}}{p} = 1 + \frac{2\kappa}{\kappa+1}(M^2-1)$$

$$\frac{\hat{T}}{T} = \frac{\hat{a}^2}{a^2} = \frac{\hat{p}}{p} \cdot \frac{\varrho}{\hat{\varrho}} \qquad (3.18)$$

$$= \left[1 + \frac{2\kappa}{\kappa+1}(M^2-1)\right]\left[1 - \frac{2}{\kappa+1}\left(1-\frac{1}{M^2}\right)\right]$$

$$\frac{\hat{s}-s}{c_v} = \ln\left[\frac{\hat{p}}{p}\left(\frac{\varrho}{\hat{\varrho}}\right)^\kappa\right]$$

$$= \frac{2}{3} \cdot \frac{\kappa(\kappa-1)}{(\kappa+1)^2}(M^2-1)^3 + \ldots, \qquad (M \approx 1),$$

$$\hat{M}^2 = \frac{1 + \frac{\kappa-1}{\kappa+1}(M^2-1)}{1 + \frac{2\kappa}{\kappa+1}(M^2-1)}.$$

Alle normierten Stoßgrößen hängen nur von M ab und zeigen einen charakteristischen Verlauf (Bild 3.5 und Bild 3.6). Ein senkrechter Stoß kann nur in Überschallströmung $M > 1$ auftreten (Entropiezunahme!), dahinter herrscht Unterschallgeschwindigkeit $\hat{M} < 1$. Die Zunahme der Entropie erfolgt im Stoß - in der Nähe von $M = 1$ - erst mit der dritten Potenz der Stoßstärke $\hat{p}/p - 1$, d.h., schwache Stöße verlaufen isentrop.

Für $M^2 \gg 1$, den sog. Hyperschall, erhält man die Grenzwerte

$$\frac{\hat{\varrho}}{\varrho} = \frac{w}{\hat{w}} \to \frac{\kappa+1}{\kappa-1},$$

$$\frac{\hat{p}}{p} \to \frac{2\kappa}{\kappa+1}M^2,$$

$$\frac{\hat{T}}{T} \to \frac{2\kappa(\kappa-1)}{(\kappa+1)^2}M^2,$$

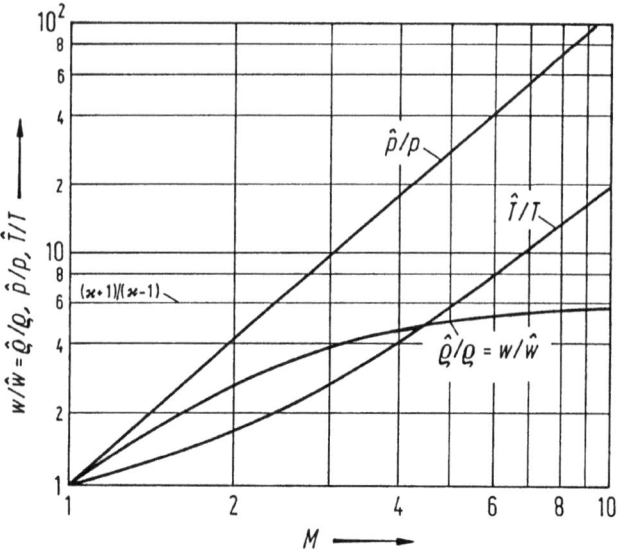

Bild 3.5. Die bezogenen Stoßgrößen beim senkrechten Verdichtungsstoß als Funktion von M ($\kappa = 1.40$)

$$\hat{M}_{\min} = \frac{\hat{w}}{\hat{a}} \to \sqrt{\frac{\kappa - 1}{2\kappa}}. \tag{3.19}$$

Diese Zustandsgrößen treten z.B. bei der Umströmung eines stumpfen Körpers mit abgelöster Kopfwelle hinter dem Stoß auf. Die Dichte strebt gegen einen endlichen Wert, während Druck und Temperatur stark ansteigen. Die Mach-Zahl $\hat{M}$ erreicht ein Minimum.

Charakteristisch verhalten sich die Ruhegrößen. Denken wir uns das Medium vor und nach dem Stoß in den Ruhezustand überführt, so lautet der Energiesatz über den Stoß hinweg

$$c_{\mathrm{p}} T_0 = c_{\mathrm{p}} T + \frac{w^2}{2} = c_{\mathrm{p}} \hat{T} + \frac{\hat{w}^2}{2} = c_{\mathrm{p}} \hat{T}_0,$$

d.h.,

$$T_0 = \hat{T}_0, \quad a_0 = \hat{a}_0. \tag{3.20}$$

Allgemeine Stoßgleichungen

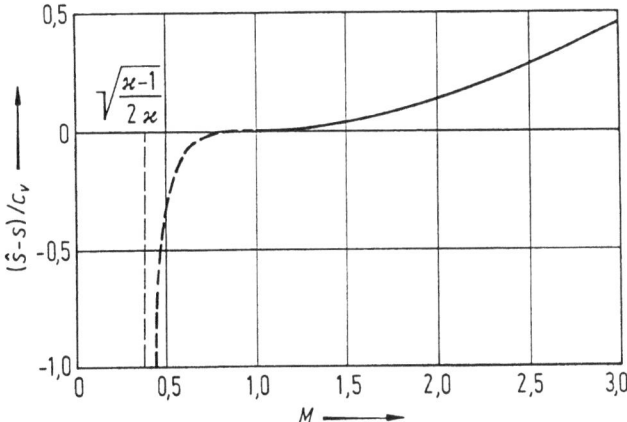

Bild 3.6. Die normierte Entropie $(\hat{s} - s)/c_v$ beim senkrechten Verdichtungsstoß als Funktion von M ($\kappa = 1.40$)

Bei Druck und Dichte wird jeweils eine isentrope Abbremsung vor und nach dem Stoß vorgenommen. Verwendet man weiterhin wegen (3.20) einen isothermen Vergleichsprozeß, so erhält man die sog. *Rayleigh-Formel*

$$\frac{\hat{p}_0}{p_0} = \frac{\hat{\varrho}_0}{\varrho_0} = \left[1 + \frac{2\kappa}{\kappa+1}(M^2 - 1)\right]^{-\frac{1}{\kappa-1}}$$
$$\times \left[1 - \frac{2}{\kappa+1}\left(1 - \frac{1}{M^2}\right)\right]^{-\frac{\kappa}{\kappa+1}}. \quad (3.21)$$

Die Ruhedruckabnahme ist in Schallnähe gering, denn es gilt

$$\frac{\hat{s} - s}{c_v} = -(\kappa - 1)\left(\frac{\hat{p}_0}{p_0} - 1\right) + \ldots$$

Für starke Stöße, d.h. hohe Mach-Zahlen, ist der Ruhedruckabfall dagegen beträchtlich (Bild 3.7).
Beim Pitotrohr in Überschallströmung finden diese Beziehungen Anwendung. Gemessen wird $\hat{p}_0$. Kennt man M, so kann mit (3.21) p_0 berechnet werden. Falls jedoch p oder $\hat{p}$ *und* $\hat{p}_0$ gemessen werden, kann M ermittelt werden. Hierzu wird der nachfol-

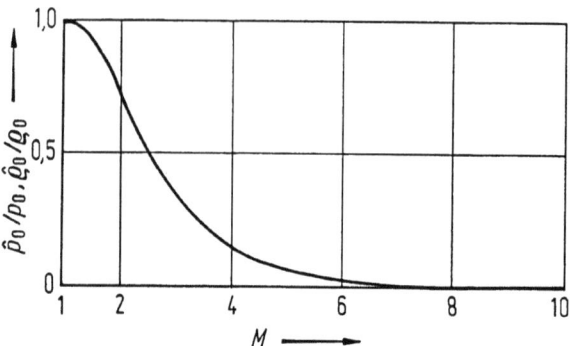

Bild 3.7. Ruhedruck- und Ruhedichteabnahme beim senkrechten Stoß als Funktion von M ($\kappa = 1.40$)

gend angegebene isentrope Zusammenhang zwischen p, p_0 und M benutzt (3.40).

Der Ruhedruckverlust in Überschallströmungen hat wichtige praktische Konsequenzen. Ist der Einlauf eines Staustrahltriebwerkes wie ein Pitotdiffusor ausgebildet, d.h., steht vor der Öffnung ein starker senkrechter Stoß, so tritt ein hoher Ruhedruckverlust auf, der nachteilig für den Antrieb ist; denn stromab kann durch Aufstau nur $\hat{p}_0$ wieder erreicht werden. Dies führt zur Entwicklung des Stoßdiffusors von Oswatitsch [7]. Hier wird in den Pitotdiffusor ein kegelförmiger Zentralkörper eingeführt. Die Abbremsung der Überschallströmung geschieht über ein System schiefer Stöße mit abschließendem schwachen senkrechten Stoß zwischen Kegel und Pitotrohr. Dieses Stoßsystem führt im Endeffekt zu einer erheblich geringeren Gesamtdruckabnahme als bei einem einzigen senkrechten Stoß.

3.2.5 Schiefer Stoß

Ein schiefer Stoß tritt in Überschallströmungen z.B. an der Körperspitze (Kopfwelle) und am Heck (Schwanzwelle) auf. Die Gleichungen erhält man am einfachsten aus denen des senkrechten Stoßes (Bild 3.4) in einem Koordinatensystem, das entlang der Stoßfront mit $v_t = \hat{v}_t \neq 0$ bewegt wird (Bild 3.2).

Allgemeine Stoßgleichungen

Mit Θ = Neigungswinkel des Stoßes gegen die Anströmung = Stoßwinkel ergibt sich die Ersetzung (Bild 3.8) entsprechend folgender Tabelle:

Senkrechter Stoß	Schiefer Stoß
w	v_n
$\hat{w}$	$\hat{v}_n$
$\boxed{M} = \dfrac{w}{a}$	$\dfrac{v_n}{a} = \dfrac{w}{a}\sin\Theta = \boxed{M\sin\Theta}$

In allen Gleichungen des senkrechten Stoßes (3.18) und (3.21) ist also lediglich M durch $M\sin\Theta$ zu ersetzen. Es wird

$$\frac{\hat{v}_n}{v_n} = \frac{\varrho}{\hat{\varrho}} = 1 - \frac{2}{\kappa+1}\left(1 - \frac{1}{M^2\sin^2\Theta}\right),$$

$$\frac{\hat{p}}{p} = 1 + \frac{2\kappa}{\kappa+1}(M^2\sin^2\Theta - 1), \qquad (3.22)$$

$$\frac{\hat{T}}{T} = \frac{\hat{a}^2}{a^2} = \frac{\hat{p}}{p}\frac{\varrho}{\hat{\varrho}},$$

$$\frac{\hat{s}-s}{c_v} = \ln\left[\frac{\hat{p}}{p}\left(\frac{\varrho}{\hat{\varrho}}\right)^\kappa\right].$$

Die Bedingung $M \geqq 1$ beim senkrechten Stoß führt hier zu $M\sin\Theta \geqq 1$, d.h., $M \geqq 1/\sin\Theta \geqq 1$. Ein schiefer Stoß ist auch nur in Überschallströmung möglich. Bei festem M ist die untere Grenze für Θ bei verschwindendem Drucksprung durch $M\sin\Theta = 1$ gegeben, die obere Grenze dagegen durch den größtmöglichen Druckanstieg im senkrechten Stoß (Bild 3.9):

$$\alpha = \arcsin\frac{1}{M} \leqq \Theta \leqq \frac{\pi}{2}.$$

α heißt Machscher Winkel. Er begrenzt den Einflußbereich kleiner Störungen in Überschallströmungen.

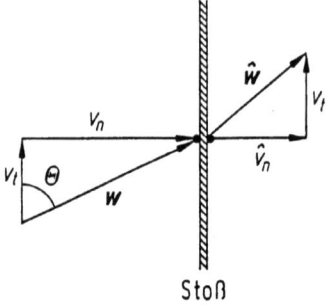

Bild 3.8. Übergang vom senkrechten zum schiefen Stoß

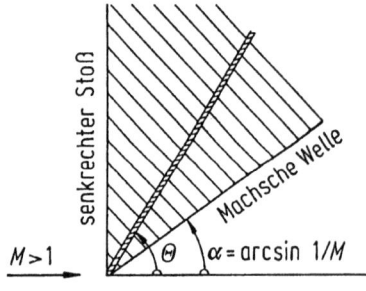

Bild 3.9. Bereichsgrenzen für Θ bei festem M

3.2.6 Busemann-Polare

Wir drehen das Koordinatensystem in Bild 3.8 so, daß die Anströmung in die x-Richtung fällt (Bild 3.10). Führt man diese Drehung in den Stoßrelationen durch und benutzt die Bezeichnungen von Bild 3.10, so erhält man die Busemann-Polare [8]

$$(u\hat{u} - a^{*2})(u - \hat{u})^2 = \hat{v}^2 \left[a^{*2} + \frac{2}{\kappa+1} u^2 - u\hat{u} \right]. \qquad (3.23)$$

$a^* = a_0 \sqrt{2/(\kappa+1)}$ bezeichnet hierin die sog. kritische Schallgeschwindigkeit. (3.23) stellt in der Form $\hat{v} = f(\hat{u}, u)$ die Parameterdarstellung einer Kurve in der $\hat{u},\hat{v}$-Hodographenebene dar. Mit der Anströmungsgeschwindigkeit u als Parameter enthält sie alle möglichen Stömungszustände $(\hat{u},\hat{v})$ hinter dem schiefen Stoß an der Körperspitze. Es handelt sich um ein Kartesisches

Allgemeine Stoßgleichungen

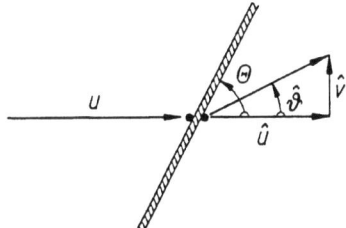

Bild 3.10. Schiefer Stoß bei horizontaler Anströmung

Blatt mit Doppelpunkt $P(u,0)$ und einer vertikalen Asymptote bei $\hat{u} = (a^{*2} + 2/(\kappa+1)u^2)/u$. Der senkrechte Stoß ist mit $\hat{v} = 0$ enthalten. Es ergibt sich $\hat{u}u = a^{*2}$ (Prandtl-Relation) oder $\hat{u} = u$ (Identität). Ist der Abströmwinkel $\hat{\vartheta}$ (z.B. Keilwinkel) gegeben, so gibt es drei Lösungen (Bild 3.11): (1) starke Lösung, führt für $\hat{\vartheta} \to 0$ auf den senkrechten Stoß; (2) schwache Lösung, liefert mit $\hat{\vartheta} \to 0$ die Identität (Machsche Welle); (3) Schwanzwellenlösung. (3) löst das sogenannte inverse Problem. $(u,0)$ ist der Zustand hinter der Schwanzwelle, $(\hat{u},\hat{v})$ derjenige davor. (3) ist nur sinnvoll, solange $w < w_{\max}$. Die Stoßneigung Θ ergibt sich durch das Lot vom Ursprung auf die Verbindunglinie $P \to 1$, $P \to 2$, $P \to 3$. Bei gegebener Anströmung gibt es ein $\hat{\vartheta}_{\max}$. Für $\hat{\vartheta} > \hat{\vartheta}_{\max}$ löst der Stoß von der Körperspitze ab und steht vor dem Hindernis. Der Schallkreis teilt die Stoßpolare in einen Unter- und einen Überschallteil. Eine genaue Analyse zeigt, daß hinter einem schiefen Stoß in Abhängigkeit von $\hat{\vartheta}$ Über- oder Unterschall herrschen kann. Hinter dem Stoß muß jeweils eine der Größen gegeben sein. Die Lösung ist bei Vorgabe von $\hat{\vartheta}$ oder $\hat{v}$ mehrdeutig, dagegen bei Θ oder $\hat{u}$ eindeutig. Interessante Grenzfälle ergeben sich für die Stoßpolare für $u \to a^*$ und

$$u \to w_{\max} = a^*\sqrt{(\kappa+1)/(\kappa-1)} = a_0\sqrt{2/(\kappa-1)}.$$

Im ersten Fall zieht sich der geschlossene Teil der Stoßpolaren auf den Schallpunkt $\hat{u} \to a^*$, $\hat{v} \to 0$ zusammen, im zweiten Fall

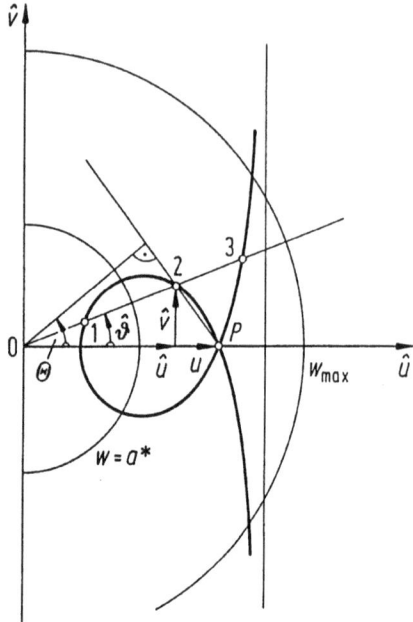

Bild 3.11. Busemannsche Stoßpolare in der Hodographenebene. Stoßkonstruktion

entsteht der Kreis

$$\left(\hat{u} - \frac{\kappa a^*}{\sqrt{\kappa^2 - 1}}\right)^2 + \hat{v}^2 = \frac{a^{*2}}{\kappa^2 - 1}, \tag{3.24}$$

in dessen Innern alle anderen Stoßpolaren liegen. Beide Grenzfälle sind wichtig, und zwar im ersten Fall für sogenannte schallnahe (transsonische) Strömungen, im zweiten Fall für Hyperschallströmungen.

3.2.7 Herzkurve

In den Anwendungen ist oft der Druck eine bevorzugte Größe, z.B. wenn eine Diskontinuitätsfläche in Form einer Wirbelschicht oder einer freien Strahlgrenze im Strömfeld auftritt. Dazu muß die Stoßpolare nicht nur in der $\hat{u}$, $\hat{v}$-Ebene, sondern auch in der

Allgemeine Stoßgleichungen

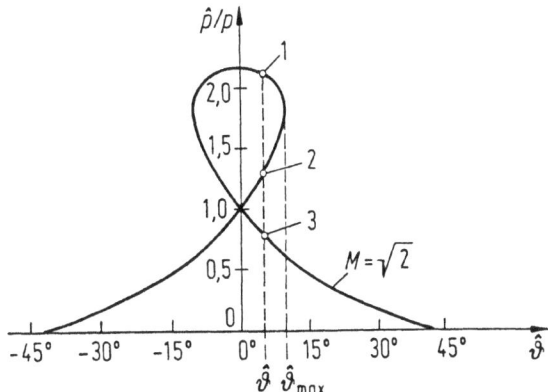

Bild 3.12. Herzkurve in der $\hat{p}$, $\hat{\vartheta}$-Ebene

$\hat{p}$, $\hat{\vartheta}$-Ebene verwendet werden. In der letzteren Ebene kommt die sog. Herzkurve [9]

$$\tan\hat{\vartheta} = \frac{\dfrac{\hat{p}}{p}-1}{\kappa M^2 - (\dfrac{\hat{p}}{p}-1)} \cdot \sqrt{\frac{\dfrac{2\kappa}{\kappa+1}(M^2-1)-\left(\dfrac{\hat{p}}{p}-1\right)}{\dfrac{\hat{p}}{p}+\dfrac{\kappa-1}{\kappa+1}}}. \tag{3.25}$$

Es handelt sich um eine der Busemannschen Stoßpolaren ähnliche Kurve (Bild 3.12)

$$\frac{\hat{p}}{p} = F(\hat{\vartheta}, M).$$

wobei M als Kurvenparameter fungiert. Bei bekanntem $\hat{\vartheta}$ ergeben sich in der Regel die drei Lösungen (1), (2), (3). (1) ist die starke, (2) die schwache Lösung, (3) löst wie oben das inverse Problem. An der Körperspitze tritt in der Regel die schwache Lösung (2) auf. Dies läßt sich anhand der Herzkurve plausibel machen [10]. Bild 3.12 entnimmt man für $\hat{\vartheta} > 0$: $(\partial\hat{p}/\partial\hat{\vartheta})_1 < 0$, und $(\partial\hat{p}/\partial\hat{\vartheta})_2 > 0$. Wir betrachten einen symmetrischen Keil

($\hat{\vartheta} < \hat{\vartheta}_{max}$) in Überschallströmung. Drehen wir ihn um die Keilspitze um den kleinen Anstellwinkel $\epsilon > 0$, so führt dies bei der starken Lösung (1) an der Keil*ober*seite zu einer Druck*ab*nahme und an der Keil*unter*seite zu einer Druck*zu*nahme. Dies würde zu einer Vergrößerung der ursprünglichen Drehung, d.h. zu einer Instabilität, führen. Der schwache Stoß (2) entspricht dagegen der stabilen Lösung, d.h., die vorgenommene Drehung würde rückgängig gemacht. Diese Eigenschaft weist auf eine Bevorzugung der schwachen Lösung an der Körperspitze hin. Da hinter der schwachen Lösung stets Überschall herrscht, liegt hier ein *lokales* Strömungsphänomen vor. Die starke Lösung führt dagegen in der Regel auf Unterschall. Hier können sich Störungen auch stromauf fortpflanzen. Das liefert eine *globale* Abhängigkeit der starken Lösung von Randbedingungen stromab, die häufig die starke Lösung erzwingen.

Mit der Busemann-Polaren und der Herzkurve können die in den Anwendungen auftretenden Stoßprobleme behandelt werden, z.B. die Stoßreflektion an der festen Wand sowie am Strahlrand und das Durchkreuzen zweier Stöße. Im letzteren Fall geht vom Kreuzungspunkt außer den reflektierten Stößen eine Diskontinuitätsfläche ab. Die Stetigkeit des Druckes über diese Fläche führt im Herzkurvendiagramm zur Neigung dieser Schicht und mit der Busemann-Polaren zu allen Zustandswerten.

3.3 Kräfte auf umströmte Körper

Der Impulssatz (3.2) liefert für stationäre Strömungen ohne Massenkräfte (Bild 3.13)

$$\boldsymbol{F}_K = - \int_A \varrho \boldsymbol{w} \, (\boldsymbol{w} \cdot \boldsymbol{n}) \, \mathrm{d}A - \int_A p \boldsymbol{n} \, \mathrm{d}A. \qquad (3.26)$$

$\boldsymbol{F}_K$ ist hierin die dem Körper K insgesamt übertragene Kraft. Die Kontrollfläche A umschließt den Körper in hinreichendem Abstand, so daß *dort* die Reibung vernachlässigt werden kann. Bezüglich einer horizontalen Anströmung mit u_∞ gilt

Kräfte auf umströmte Körper 137

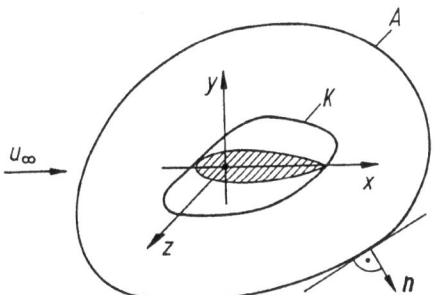

Bild 3.13. Kontrollfläche mit angeströmtem Körper für den Impulssatz

$F_{K,x} = F_W$ = Widerstand, $F_{K,y} = F_A$ = Auftrieb, $F_{K,z}$ = Querkraft. Ist die Strömung generell reibungsfrei, so bestimmt sich F_K allein durch das Druckintegral über die Körperoberfläche. (3.26) kann durch geeignete Wahl der Kontrollfläche A oft sehr vereinfacht werden. Wir nehmen z.B. die Parallelen zur y,z-Ebene in der Anströmung und weit hinter dem Körper $x = x_0 =$ const $\gg l$ (Bild 3.14)

$$F_W = -\iint \{\varrho u^2 + p - (\varrho_\infty u_\infty^2 + p_\infty)\}\, dy\, dz \bigg|_{x=x_0}, \quad (3.27)$$

$$F_A = -\iint (\varrho u v - \varrho_\infty u_\infty v_\infty)\, dy\, dz \bigg|_{x=x_0}, \quad (3.28)$$

$$F_{K,z} = -\iint (\varrho u w - \varrho_\infty u_\infty w_\infty)\, dy\, dz \bigg|_{x=x_0}. \quad (3.29)$$

Integriert wird hierin jetzt nur noch hinter dem Körper, in der sogenannten Trefftz-Ebene.
Mit der Massenerhaltung im Zu- und Abstrom wird aus (3.27)

$$F_W = -\iint \{\varrho u(u - u_\infty) + p - p_\infty\}\, dy\, dz \bigg|_{x=x_0}. \quad (3.30)$$

Die Geschwindigkeits- und die Druckstörungen im Nachlauf des Körpers bestimmen den Widerstand. Dies kann zur Messung oder Berechnung desselben benutzt werden.

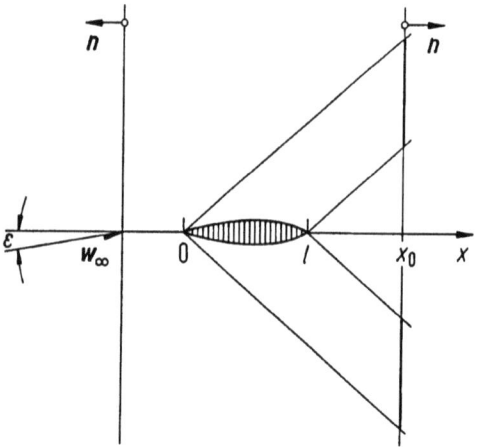

Bild 3.14. Spezielle Kontrollflächen vor und hinter dem Körper

Entwickelt man den Integranden in (3.30) für kleine Abweichungen vom Anströmzustand: u_∞, $v_\infty = w_\infty = 0$, p_∞, ϱ_∞, T_∞, s_∞ unter Benutzung des Energiesatzes, so erhält man den Widerstandssatz von Oswatitsch [11], [12]:

$$F_W u_\infty = \underline{\varrho_\infty u_\infty \iint \{T_\infty(s - s_\infty)} + \frac{1}{2}\left[-(1 - M_\infty^2)\right.$$
$$\left. \times \left(u - u_\infty\right)^2 + v^2 + w^2\right]\} \, dy dz \, |_{x=x_0} . \quad (3.31)$$

Hierin sind von den Störungen jeweils die ersten - tragenden - Terme berücksichtigt ($M_\infty \gtrless 1$). Der unterstrichene Anteil liefert den Entropiestrom durch die Kontrollfläche. Abgesehen von den Geschwindigkeitsbeiträgen wird die erforderliche Schleppleistung des Körpers also durch diesen Entropiestrom bestimmt. Alle dissipativen - entropieerzeugenden - Effekte (Verdichtungsstöße, Reibung, Wärmeleitung usw.) liefern hier Beiträge. Im Unterschall beschreibt der Geschwindigkeitsanteil in (3.31) den induzierten Widerstand [12], im Überschall den Wellenwiderstand. In Schallnähe kommt anstelle von (3.31) die Darstellung ([13], S.157)

$$F_W a^* = \varrho^* a^* \iint \left\{ T^*(s - s^*) + \frac{1}{3}(\kappa + 1) \right.$$
$$\left. \times \frac{(u - a^*)^3}{a^*} + \frac{1}{2}(v^2 + w^2) \right\} dy dz \bigg|_{x=x_0} . \quad (3.32)$$

Im *linearen Überschall* ($s = s_\infty$) gilt im zweidimensionalen Fall (Bild 3.14) mit der Ackeret-Formel

$$F_W = \frac{\varrho_\infty b}{2} \int [(M_\infty^2 - 1)(u - u_\infty)^2 + v^2] dy \bigg|_{x=x_0}$$

$$= \varrho_\infty b \int v^2 dy = \frac{2\varrho_\infty u_\infty^2 b}{\sqrt{M_\infty^2 - 1}} \int_0^l \left(\frac{dh}{dx}\right)^2 dx \bigg|_{x=x_0},$$

also für das Parabelzweieck (Dickenparameter $\tau = 2h_{\max}/l$) der Widerstandsbeiwert

$$c_W = \frac{F_W}{\frac{\varrho_\infty}{2} u_\infty^2 bl} = \frac{16}{3} \cdot \frac{\tau^2}{\sqrt{M_\infty^2 - 1}}. \quad (3.33)$$

Desselben folgt aus (3.28) für die um $\epsilon > 0$ angestellte Platte

$$F_A = -b \int_{x=x_0} (\varrho u v - \varrho_\infty u_\infty v_\infty) dy$$

$$= -\varrho_\infty b \int_{x=x_0} u_\infty (v - v_\infty) y = \varrho_\infty b \int_{x=x_0} u_\infty^2 \epsilon \, dy$$

der Auftriebsbeiwert

$$c_A = \frac{F_A}{\frac{\varrho_\infty}{2} u_\infty^2 bl} = \frac{4\epsilon}{\sqrt{M_\infty^2 - 1}}. \quad (3.34)$$

3.4 Stromfadentheorie

Für $p(x)$, $\varrho(x)$ und $w(x)$ benutzen wir hier die Kontinuitätsbedingung (2.4), die Euler-Gleichung ohne Massenkräfte (2.5) sowie die Isentropie. Integration ergibt die Ausströmgeschwindigkeit bei Isentropie (Bild 3.15)

$$w_1 = \sqrt{2\int_{p_1}^{p_0} \frac{dp}{\varrho}} = \sqrt{2\frac{\kappa}{\kappa-1}\cdot\frac{p_0}{\varrho_0}\left[1-\left(\frac{p_1}{p_0}\right)^{\frac{\kappa-1}{\kappa}}\right]}. \qquad (3.35)$$

Bild 3.15. Ausströmen aus einem Kessel

Sie hängt maßgeblich vom Druckverhältnis p_1/p_0 ab und erreicht für $p_1/p_0 \to 0$ den Maximalwert

$$\begin{aligned}w_{1\,\text{max}} &= \sqrt{2\frac{\kappa}{\kappa-1}\cdot\frac{p_0}{\varrho_0}} = \sqrt{\frac{2}{\kappa-1}}a_0 \qquad (3.36)\\ &= \sqrt{2\frac{\kappa}{\kappa-1}\cdot\frac{R}{M_\text{i}}T_0} = \sqrt{2\frac{\kappa}{\kappa-1}R_\text{i}T_0} = \sqrt{2c_\text{p}T_0}\\ &= 750 \text{ m/s für Luft unter Normalbedingungen.}\end{aligned}$$

Die Existenz einer maximalen Ausströmgeschwindigkeit ist eine typische Eigenschaft kompressibler Medien. (3.36) zeigt dieselben charakteristischen Abhängigkeiten wie die Schallgeschwindigkeit (3.15): $w_{1\,\text{max}} \sim \sqrt{T_0}$, $w_{1\,\text{max}} \sim 1/\sqrt{M_\text{i}}$ und damit Möglichkeiten der Veränderung dieser Maximalgeschwindigkeit.

3.4.1 Lavaldüse

Die Euler-Gleichung liefert für isentrope Strömung mit der Schallgeschwindigkeit (3.15) sowie der Mach-Zahl (3.16)

$$\frac{1}{\varrho}\cdot\frac{d\varrho}{dx} = -M^2\frac{1}{w}\cdot\frac{dw}{dx}. \qquad (3.37)$$

Die relative Dichteänderung ist damit der relativen Geschwindigkeitsänderung längs des Stromfadens proportional. Der Proportionalitätsfaktor M^2 bestimmt das gegenseitige Größenverhältnis. Für inkompressible Strömung, $M^2 \ll 1$, überwiegt die Änderung der Geschwindigkeit die der Zustandsgrößen ϱ, p, T bei weitem. Im Hyperschall, $M^2 \gg 1$, ist es umgekehrt. In Schallnähe, $M \approx 1$, sind alle Änderungen von gleicher Größenordnung. Berücksichtigen wir in (3.37) die Kontinuität mit dem Stromfadenquerschnitt $A(x)$, so wird

$$\frac{1}{w} \cdot \frac{\mathrm{d}w}{\mathrm{d}x} = \frac{1}{M^2 - 1} \cdot \frac{1}{A} \cdot \frac{\mathrm{d}A}{\mathrm{d}x}$$

oder umgeschrieben auf die Mach-Zahl

$$\frac{1}{M} \cdot \frac{\mathrm{d}M}{\mathrm{d}x} = \frac{1 + \frac{\kappa - 1}{2}M^2}{M^2 - 1} \cdot \frac{1}{A} \cdot \frac{\mathrm{d}A}{\mathrm{d}x}. \qquad (3.38)$$

Für beschleunigte Strömung $\frac{\mathrm{d}M}{\mathrm{d}x} > 0$ verlangt dies für $M < 1$ $\frac{\mathrm{d}A}{\mathrm{d}x} < 0$, für $M = 1$ $\frac{\mathrm{d}A}{\mathrm{d}x} = 0$ und für $M > 1$ $\frac{\mathrm{d}A}{\mathrm{d}x} > 0$.

Diese gewöhnliche Differentialgleichung läßt sich geschlossen integrieren:

$$\begin{aligned}\frac{A}{A^*} &= \frac{1}{M}\left[1 + \frac{\kappa-1}{\kappa+1}(M^2 - 1)\right]^{\frac{\kappa+1}{2(\kappa-1)}} \\ &= \frac{1}{M^*\left[1 - \frac{\kappa-1}{2}(M^{*2} - 1)\right]^{\frac{1}{\kappa-1}}}, \end{aligned} \qquad (3.39)$$

mit A^* als kritischem (engstem) Querschnitt bei $M = 1$ und $M^* = w/a^*$ als kritischer Mach-Zahl.

Eine Übersicht über alle möglichen Düsenströmungen in Abhängigkeit vom jeweiligen Gegendruck erhält man aus einer Richtungsfelddiskussion von (3.38). Eine Beschleunigung der Strömung, $\mathrm{d}M/\mathrm{d}x > 0$, erfordert im Unterschall eine Querschnittsverengung ($\mathrm{d}A/\mathrm{d}x < 0$) und im Überschall eine Erweiterung ($\mathrm{d}A/\mathrm{d}x > 0$). Schallgeschwindigkeit ($M = 1$) ist nur

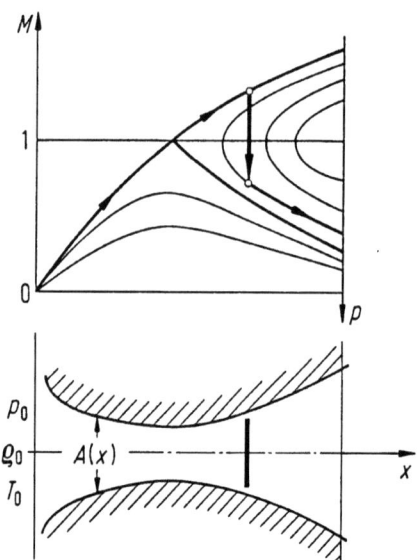

Bild 3.16. Machzahlverlauf in der Laldüse bei verschiedenen Gegendrücken

am engsten Querschnitt ($dA/dx = 0$) möglich. Diese ideale Lavaldüse läßt sich nur bei einem ganz bestimmten Druck am Düsenende realisieren (Bild 3.16).

Alle Kurven gehen durch den linken Eckpunkt, der dem Kesselzustand entspricht. Wir senken den Gegendruck kontinuierlich ab und erhalten der Reihe nach reine Unterschallströmungen, bis die Schallgeschwindigkeit am engsten Querschnitt erreicht, aber nicht überschritten wird.

Eine weitere Druckabsenkung macht zunächst einen senkrechten Stoß - von Überschall auf Unterschall - erforderlich, dann sogar einen schiefen Stoß, bis wir den zur idealen Lavaldüse passenden Druck erreichen. Wird der Druck noch weiter abgesenkt, kommt es anschließend zu einer Expansion am Düsenende, die im Extremfall bis zur Maximalgeschwindigkeit (3.36) führt.

Die quantitative Ermittlung einer Lavaldüsenströmung benutzt neben (3.39) die aus dem Energiesatz und der Isentropie folgenden Beziehungen (Bild 3.17):

$$\frac{T}{T_0} = \frac{1}{1+\dfrac{\kappa-1}{2}M^2} = 1 - \frac{\kappa-1}{\kappa+1}M^{*2},$$

$$\frac{\varrho}{\varrho_0} = \frac{1}{\left(1+\dfrac{\kappa-1}{2}M^2\right)^{\frac{1}{\kappa-1}}}, \qquad (3.40)$$

$$\frac{p}{p_0} = \frac{1}{\left(1+\dfrac{\kappa-1}{2}M^2\right)^{\frac{\kappa}{\kappa-1}}}.$$

Dadurch ergeben sich insbesondere die Proportionalitäten zwischen kritischen Größen und Ruhewerten (Zahlenwerte für Luft)

$$\left(\frac{a^*}{a_0}\right)^2 = \frac{T^*}{T_0} = \frac{2}{\kappa+1} = 0{,}833,$$

$$\frac{\varrho^*}{\varrho_0} = \left(\frac{2}{\kappa+1}\right)^{\frac{1}{\kappa-1}} = 0{,}634, \qquad (3.41)$$

$$\frac{p^*}{p_0} = \left(\frac{2}{\kappa+1}\right)^{\frac{\kappa}{\kappa-1}} = 0{,}528. \qquad (3.42)$$

Schreibt man (3.39) mit (3.40) als Funktion von p, so wird

$$\frac{\varrho^* a^*}{\varrho w} = \frac{A}{A^*} = \frac{\sqrt{\dfrac{\kappa-1}{\kappa+1}}}{\left(\dfrac{p}{p^*}\right)^{\frac{1}{\kappa}} \sqrt{1 - \dfrac{2}{\kappa+1}\left(\dfrac{p}{p^*}\right)^{\frac{\kappa-1}{\kappa}}}}$$

$$= \frac{\left(\dfrac{2}{\kappa+1}\right)^{\frac{\kappa}{\kappa-1}} \sqrt{\dfrac{\kappa-1}{\kappa+1}}}{\left(\dfrac{p}{p_0}\right)^{\frac{1}{\kappa}} \sqrt{1 - \left(\dfrac{p}{p_0}\right)^{\frac{\kappa-1}{\kappa}}}}. \qquad (3.43)$$

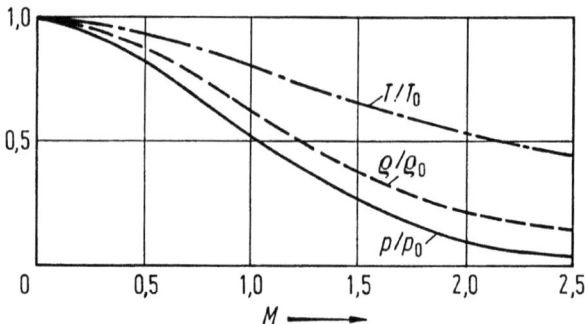

Bild 3.17. T, ϱ, p als Funktion der Mach-Zahl

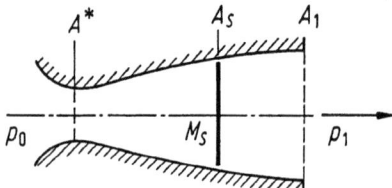

Bild 3.18. Beispiel einer Lavaldüsenrechnung

Mit den Gleichungen (3.18) kann ein senkrechter Verdichtungsstoß eingearbeitet werden.

Beispiel: Gegeben sind bei einer Lavaldüse die Stoß-Mach-Zahl $M_S = 2$ und das Flächenverhältnis $A_1/A^* = 3$. Erfragt ist das erforderliche Druckverhältnis p_1/p_0 und A_S/A^*, d.h. die Stoßlage (Bild 3.18).
Aus (3.39) folgt mit $M_S = 2$, $A_S/A^* = 1,686$ und damit die Stoßlage. Weiter kommt aus (3.21) $A^*/\hat{A}^* = \hat{\varrho}_0/\varrho_0 = \hat{p}_0/p_0 = 0,721$ und damit $p^*/\hat{p}^* = 1,387$. (3.43) wird hinter dem Stoß umgeformt zu

$$\frac{A_1}{A^*} \cdot \frac{A^*}{\hat{A}^*} = \frac{\sqrt{\dfrac{\kappa-1}{\kappa+1}}}{\left(\dfrac{p_1}{p^*} \cdot \dfrac{p^*}{\hat{p}^*}\right)^{\frac{1}{\kappa}} \sqrt{1 - \dfrac{2}{\kappa+1}\left(\dfrac{p_1}{p^*} \cdot \dfrac{p^*}{\hat{p}^*}\right)^{\frac{\kappa-1}{\kappa}}}}.$$

Mit $A_1/A^* = 3$ und den soeben berechneten Werten $A^*/\hat{A}^* = 0,721$ und $p^*/\hat{p}^* = 1,387$ folgt $p_1/p^* = 1,28$, d.h., $p_1/p_0 = p_1/p^* \times p^*/p_0 = 1,28 \cdot 0,528 = 0,68$. Da $p_1/p_0 = 0,68 > p^*/p_0 = 0,528$, entsteht die Frage, wie diese Strömung zustande kommt (Anlaufen!). Am einfachsten denkt man sich am Düsenende den Druck abgesenkt, bis kritische Zustände eintreten. Sodann wird p_1/p_0 quasistationär auf $0,68$ angehoben, und die oben betrachtete Strömung stellt sich ein. In der Praxis handelt es sich beim Starten um einen komplizierten instationären Vorgang, bei dem Wellen stromauf und stromab laufen, bis der stationäre Endzustand erreicht ist.

Oft treten bei technischen Anwendungen mehrere Einschnürungen in der Düse auf. Der Fall von zwei engsten (A_1, A_3) und einem weitesten Querschnitt (A_2) enthält alles Wesentliche. Ist $A_1 = A_3$ (Bild 3.19), so herrschen in 1 und 3 gleichzeitig kritische Verhältnisse. Dort liegt jeweils ein Sattelpunkt der Integralkurven vor, während es sich bei 2 um einen Wirbelpunkt handelt. Das entnimmt man der aus (3.38) folgenden Beziehung in den singulären Punkten

$$\frac{dM}{dx} = \pm \sqrt{\frac{\kappa+1}{4} \cdot \frac{1}{A^*} \cdot \left(\frac{d^2 A}{dx^2}\right)^*}.$$

Ein Verdichtungsstoß zwischen 1 und 3 ist nicht möglich. Die Strömung würde sonst bereits vor dem zweiten engsten Querschnitt 3 auf Schall führen (Blockierung!). Die Abnahme der Ruhegrößen (3.21) und damit der kritischen Werte (3.41) reduziert den Massenstrom. Der Querschnitt 3 ist zu gering, um die Kontinuität zu gewährleisten.

Falls $A_1 < A_3$ (Bild 3.20), so liegt das Modell eines Überschallkanales vor. Die Integralkurve mit Schalldurchgang in 1 führt auf Überschall in der Meßstrecke, 3 eingeschlossen. Ein Stoß zwischen 1 und 3 ist möglich, wenn der Verstelldiffusor in 3 gerade um soviel geöffnet wird, wie die Abnahme der Ruhegrößen es vorschreibt. Mit der Stoß-Mach-Zahl M_S und der durch (3.21)

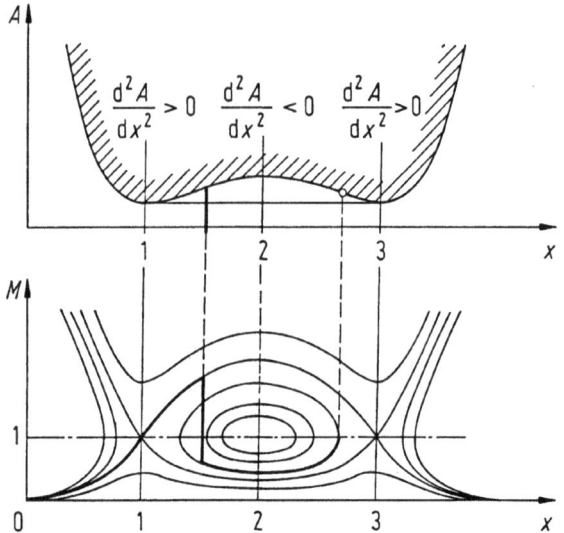

Bild 3.19. Lavaldüse mit zwei Einschnürungen $A_1 = A_3$

gegebenen Funktion $f(M)$ gilt

$$\frac{A_1}{A_3} = \frac{\hat{\varrho}^* \hat{a}^*}{\varrho^* a^*} = \frac{\hat{\varrho}_0}{\varrho_0} = \frac{\hat{p}_0}{p_0} = f(M_S).$$

Beispiel: Wie weit muß bei den Daten des obigen Beispiels der Verstelldiffusor (3 in Bild 3.20) geöffnet werden, um dort mindestens auf kritische Verhältnisse zu führen? $A_3/A_1 \geqq \hat{A}^*/A^* = 1,387$.

Im Prinzip sind zwei Stoßlösungen s, s' möglich, s entspricht einem stabilen, s' einem instabilen Zustand.

Im Fall $A_1 > A_3$ handelt es sich um eine mit Unterschall durchströmte Meßstrecke, die frühestens in 3 auf Schall führen kann.

Liegen mehrere engste Querschnitte vor, so schreibt der absolut kleinste das Auftreten kritischer Werte vor. Ob im weiteren Verlauf Stöße möglich sind, hängt vom Öffnungsverhältnis der engsten Querschnitte ab.

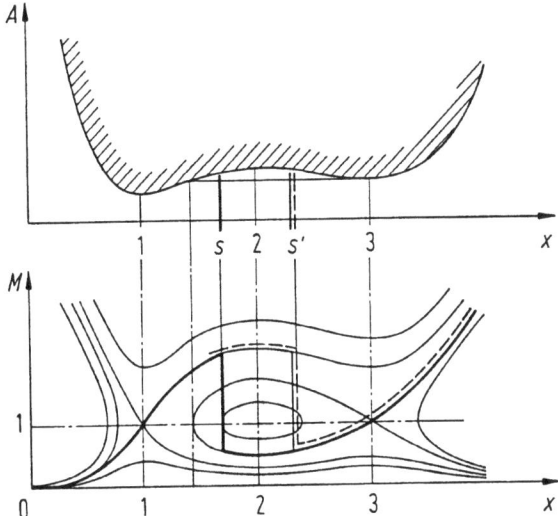

Bild 3.20. Lavaldüse mit zwei Einschnürungen $A_1 < A_3$, s, s' Stoßlösungen

3.5 Zweidimensionale Strömungen

Unter der Voraussetzung differenzierbarer Strömungsgrößen, d.h. in Gebieten ohne Stöße, folgen aus den Erhaltungssätzen in Integralform die zugehörigen Differentialgleichungen. Im stationären Fall ohne Massenkräfte, Reibung und Wärmeleitung kommen aus (3.1) die *Kontinuitätsgleichung*

$$\frac{\partial(\varrho u)}{\partial x} + \frac{\partial(\varrho v)}{\partial y} = 0, \tag{3.44}$$

aus (3.2), (3.3) die *Euler-Gleichungen*

$$u\frac{\partial u}{\partial x} + v\frac{\partial u}{\partial y} = -\frac{1}{\varrho}\cdot\frac{\partial p}{\partial x}, \tag{3.45}$$

$$u\frac{\partial v}{\partial x} + v\frac{\partial v}{\partial y} = -\frac{1}{\varrho}\cdot\frac{\partial p}{\partial y}, \tag{3.46}$$

und aus (3.4), (3.5) die Aussage, daß die *Entropie längs Stromlinien konstant* ist. Elimination von p und ϱ führt zur *gasdynami-*

schen Grundgleichung

$$\left(1 - \frac{u^2}{a^2}\right)\frac{\partial u}{\partial x} + \left(1 - \frac{v^2}{a^2}\right)\frac{\partial v}{\partial y} - \frac{uv}{a^2}\left(\frac{\partial u}{\partial y} + \frac{\partial v}{\partial x}\right) = 0. \quad (3.47)$$

Diese Gleichung gilt auch dann, wenn die Entropie von Stromlinie zu Stromlinie variiert, was z.B. bei Hyperschallströmungen hinter stark gekrümmten Kopfwellen der Fall ist. Schließen wir dies im Augenblick aus, d.h. setzen wir Isentropie voraus, so gilt die Wirbelfreiheit (2.29). Mit dem Geschwindigkeitspotential Φ wird wegen $u = \partial \Phi / \partial x$, $v = \partial \Phi / \partial y$ aus (3.47)

$$\left(1 - \frac{\Phi_x^2}{a^2}\right)\Phi_{xx} + \left(1 - \frac{\Phi_y^2}{a^2}\right)\Phi_{yy} - 2\frac{\Phi_x \Phi_y}{a^2}\Phi_{xy} = 0, \quad (3.48)$$

$$a^2 = a_\infty^2 + \frac{\kappa - 1}{2}\left[w_\infty^2 - (\Phi_x^2 + \Phi_y^2)\right]. \quad (3.49)$$

Der Index ∞ bezeichnet den Anströmzustand.
(3.48, 3.49) ist eine quasilineare partielle Differentialgleichung 2. Ordnung. Der Typ hängt von der jeweiligen Lösung ab. Er ist für

$$w = \sqrt{\Phi_x^2 + \Phi_y^2} \begin{cases} < a & \text{elliptisch (Unterschall)}, & (3.50) \\ = a & \text{parabolisch (Schall)}, & (3.51) \\ > a & \text{hyperbolisch (Überschall)}. & (3.52) \end{cases}$$

Die Charakteristiken im Fall (3.52) heißen Machsche Linien und begrenzen den Einflußbereich kleiner Störungen im Stromfeld.

3.5.1 Kleine Störungen, $M_\infty \gtrless 1$

Verursacht ein Körper nur eine geringe Abweichung der wenig angestellten Parallelströmung (u_∞, $v_\infty \approx \epsilon u_\infty$), so machen wir den Störansatz

$$\Phi(x,y) = \underbrace{u_\infty [x + \varphi(x,y)]}_{I} + \underbrace{u_\infty [\epsilon y + \bar{\varphi}(x,y)]}_{II} \quad (3.53)$$

I beschreibt hierin den nichtangestellten Fall, d.h. den Dickeneinfluß, II dagegen den Anstellungseffekt. Trägt man (3.53) in

Zweidimensionale Strömungen

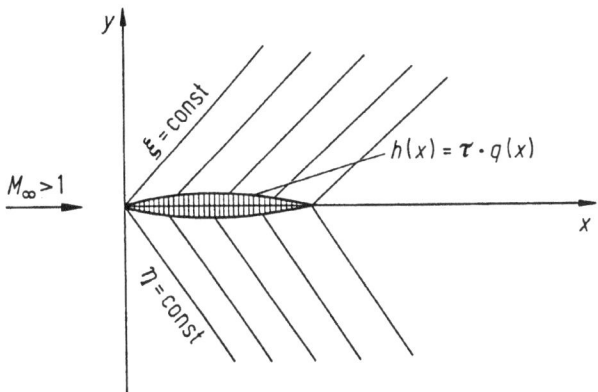

Bild 3.21. Machsche Linien bei der Überschallumströmung eines schlanken Profiles

(3.48, 3.49) ein und linearisiert bezüglich Dicke und Anstellung, so erhält man die für φ und $\bar\varphi$ gültige lineare Differentialgleichung

$$(1 - M_\infty^2)\varphi_{xx} + \varphi_{yy} = 0. \tag{3.54}$$

Die Randbedingung der tangentialen Strömung, z.B. am schlanken, nichtangestellten Körper (Dicke τ, Profilklasse $q(x)$) ist (Bild 3.21)

$$\frac{v(x,0)}{u_\infty} = \varphi_y(x,0) = \frac{dh}{dx} = \tau\frac{dq}{dx}. \tag{3.55}$$

Die Charakteristiken (Machsche Linien) für (3.54) lauten

$$\xi = x - \sqrt{M_\infty^2 - 1}\, y = \text{const},$$
$$\eta = x + \sqrt{M_\infty^2 - 1}\, y = \text{const}.$$

Die allgemeine − sog. d'Alembertsche − Lösung ist

$$\varphi = F_1\left(x - \sqrt{M_\infty^2 - 1}\, y\right) + F_2\left(x + \sqrt{M_\infty^2 - 1}\, y\right).$$

Da für $M_\infty > 1$ die Strömung an der Profiloberseite unabhängig ist von der an der Unterseite, gilt die *Ackeret-Formel* [14]

$$\frac{u - u_\infty}{u_\infty} = \mp \frac{\frac{v}{u_\infty}}{\sqrt{M_\infty^2 - 1}} \begin{cases} y > 0 \\ y < 0 \end{cases}. \tag{3.56}$$

Bei Anstellung tritt rechts die Differenz $v - v_\infty$ auf. In jedem Fall hängt die u-Störung in einem Punkt eines Überschallfeldes nur vom *lokalen* Strömungswinkel ab. Für $M_\infty < 1$ liegt dagegen stets eine *globale* Abhängigkeit vor (Kapitel 2). Bei einer Ablenkung in die Anströmung ($\vartheta > 0$) liefert (3.56) eine Untergeschwindigkeit (Eckenkompression), bei $\vartheta < 0$ eine Übergeschwindigkeit (Eckenexpansion). Für den Druck führt die Linearisierung der Bernoulli-Gleichung zu

$$c_p = \frac{p - p_\infty}{\frac{\varrho_\infty}{2} u_\infty^2} = -2 \frac{u - u_\infty}{u_\infty}. \tag{3.57}$$

Die Untergeschwindigkeit an der Profilvorderseite gibt damit einen Überdruck, die Übergeschwindigkeit auf der Rückseite einen Sog. Beides liefert eine Kraft in Strömungsrichtung, den sog. Wellenwiderstand (siehe z.B. (3.33)). Mit den Definitionen (3.33) und (3.34) für Widerstands- und Auftriebsbeiwerte ergeben sich die drei elementaren Effekte (Dicke, Anstellung und Wölbung), die für das Verständnis der wirkenden Kräfte wichtig sind (Tabelle 3-1.).

Durch lineare Überlagerung dieser drei Effekte, gegebenenfalls bei komplizierten Dicken- und Wölbungsverteilungen, lassen sich allgemeinere Umströmungsprobleme erfassen. Die in

$$c_A \sim \epsilon, \quad c_A \sim f, \quad c_A \sim 1/\sqrt{|1 - M_\infty^2|},$$
$$c_W \sim \tau^2, \quad c_W \sim \epsilon^2, \quad c_W \sim f^2, \quad c_W \sim 1/\sqrt{M_\infty^2 - 1} \tag{3.58}$$

enthaltenen Ähnlichkeitsaussagen gelten im Rahmen der Linearisierung allgemein und entsprechen der Prandtl-Glauertschen Regel. Bei komplizierten Profilen ändern sich die Werte der Koeffizienten, die Abhängigkeiten von den Parametern τ, ϵ, f, M_∞

Tabelle 3-1. Auftriebs- und Widerstandsbeiwerte (Lineare Theorie)

		Dickeneffekt Parabelzweieck $\tau \neq 0$	*Anstellungseffekt* angestellte Platte $\epsilon \neq 0$	*Wölbungseffekt* gewölbte Platte $f \neq 0$
$M_\infty < 1$	c_A	0	$2\pi \dfrac{\epsilon}{\sqrt{1-M_\infty^2}}$	$4\pi \dfrac{f}{\sqrt{1-M_\infty^2}}$
	c_W	0	0	0
$M_\infty > 1$	c_A	0	$4\dfrac{\epsilon}{\sqrt{M_\infty^2-1}}$	0
	c_W	$\dfrac{16}{3} \cdot \dfrac{\tau^2}{\sqrt{M_\infty^2-1}}$	$4\dfrac{\epsilon^2}{\sqrt{M_\infty^2-1}}$	$\dfrac{64}{3} \cdot \dfrac{f^2}{\sqrt{M_\infty^2-1}}$
		$h(x) = 2\tau x(1-x)$		$h(x) = 4fx(1-x)$

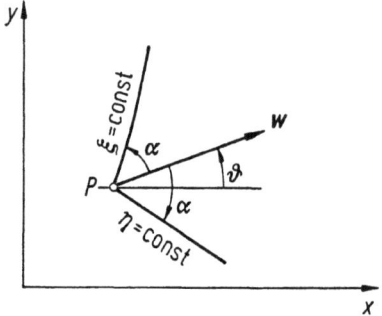

Bild 3.22. Machsche Linien $\xi = $ const und $\eta = $ const durch P

bleiben unverändert. Man kann damit leicht innerhalb einer Profilklasse Geschwindigkeits- und Druckverteilungen sowie c_A, c_W bei Änderung von τ, ϵ, f, M_∞ ermitteln.

3.5.2 Transformation auf Charakteristiken

Die gasdynamische Grundgleichung (3.47) und die Wirbelfreiheit (2.29) nehmen eine besonders einfache Form an, wenn man anstelle von x, y die charakteristischen Koordinaten ξ, η verwendet und von u, v auf w, ϑ übergeht. $\xi = $ const, $\eta = $ const beschreiben die links- bzw. rechtsläufige Machsche Linie, die mit der Stromlinie den Machschen Winkel α ($\sin\alpha = 1/M$) einschließt (Bild 3.22). Es gelten auf den Charakteristiken:

$$\frac{\partial \vartheta}{\partial \xi} + \frac{\sqrt{M^2 - 1}}{w} \cdot \frac{\partial w}{\partial \xi} = 0 \quad \text{auf} \quad \eta = \text{const},$$

$$\frac{dy}{dx} = \tan(\vartheta - \alpha), \qquad (3.59)$$

$$\frac{\partial \vartheta}{\partial \eta} - \frac{\sqrt{M^2 - 1}}{w} \cdot \frac{\partial w}{\partial \eta} = 0 \quad \text{auf} \quad \xi = \text{const},$$

$$\frac{dy}{dx} = \tan(\vartheta + \alpha), \qquad (3.60)$$

Zweidimensionale Strömungen

oder in Differentialform zusammengefaßt:

$$d\vartheta \pm \sqrt{M^2-1}\,\frac{dw}{w} = 0. \tag{3.61}$$

Längs der Machschen Linien sind damit die Änderungen von Strömungswinkel ϑ und Geschwindigkeit w einander proportional. Bei kleinen Störungen (Linearisierung) kommt man zur Ackeret-Formel (3.56) zurück:

$$\begin{aligned}d\vartheta \pm \sqrt{M^2-1}\,\frac{dw}{w} &\approx \Delta\vartheta \pm \sqrt{M_\infty^2-1}\,\frac{\Delta w}{w}\\ &\approx \frac{v}{u_\infty} \pm \sqrt{M_\infty^2-1}\,\frac{u-u_\infty}{u_\infty} = 0.\end{aligned}$$

Entscheidend ist, daß in jeder Gleichung (3.59,3.60) nur noch Ableitungen nach einer unabhängigen Variablen ξ oder η auftreten. Dies gestattet eine allgemeine Integration in der Hodographenebene. Mit der Normierung $M=1$, $\vartheta = \vartheta^*$ wird

$$\begin{aligned}\vartheta - \vartheta^* &= \mp\left\{\sqrt{\frac{\kappa+1}{\kappa-1}}\arctan\sqrt{\frac{\kappa-1}{\kappa+1}(M^2-1)}\right.\\ &\quad\left. - \arctan\sqrt{M^2-1}\right\}, \tag{3.62}\\ &= \mp\frac{2}{3}\frac{(M^2-1)^{3/2}}{\kappa+1} + \ldots, \quad (M \approx 1). \tag{3.63}\end{aligned}$$

Es handelt sich um eine Epizykloide zwischen dem Schallkreis $w = a^*$ und dem mit der Maximalgeschwindigkeit (3.36)

$$w = w_{max} = \sqrt{(\kappa+1)/(\kappa-1)}\,a^*.$$

In Schallnähe ($M \approx 1$) tritt eine Spitze auf (3.63). Im Hyperschall (M_∞^2, $M^2 \gg 1$) gilt mit der Normierung $M = M_\infty$, $\vartheta = \vartheta_\infty$:

$$\vartheta - \vartheta_\infty = \mp\frac{2}{\kappa-1}\left(\frac{1}{M_\infty} - \frac{1}{M}\right) + \ldots \tag{3.64}$$

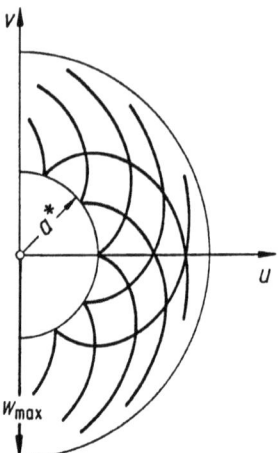

Bild 3.23. Epizykloiden in der Hodographenebene

Die Epizykloide läuft tangential in $w = w_{max}$ ein. Aus (3.62) ergibt sich der maximale Umlenkwinkel ϑ_{max} bei Expansion eines Schallparallelstrahles ins Vakuum ($M \to \infty$):

$$\vartheta_{max} - \vartheta^* = \mp \frac{\pi}{2}\left(\sqrt{\frac{\kappa+1}{\kappa-1}} - 1\right)$$

$$= \mp \begin{cases} 90° & \kappa = 5/3 = 1,66 \\ 130,5°, & \kappa = 7/5 = 1,40 \\ 148,1°, & \kappa = 4/3 = 1,33. \end{cases} \quad (3.65)$$

Durch Drehung um den Ursprung entsteht das Epizykloidendiagramm (Bild 3.23), das zusammen mit dem Busemannschen Stoßpolarendiagramm (Bild 3.11) zur Berechnung von Überschallströmungsfeldern benutzt wird. Im Ausgangspunkt stimmen Epizykloide und Stoßpolare in Tangente und Krümmung überein [15], d.h., schwache Stöße verlaufen näherungsweise isentrop. Siehe hierzu die frühere Anmerkung über die RH-Kurve und die Isentrope (Bild 3.3). Die Tangente an die Epizykloide und die Stoßpolare wird durch die Ackeret-Formel (3.56) gegeben.

Die Integration von (3.59, 3.60) ist in der Hodographenebene allgemein durchgeführt. Wichtig ist die Übertragung in die

Strömungsebene und gegebenenfalls die Einarbeitung von Verdichtungsstößen. Dies erfolgt meistens auf numerischem Wege durch Differenzenapproximation der Charakteristikengleichungen.

3.5.3 Prandtl-Meyer-Expansion

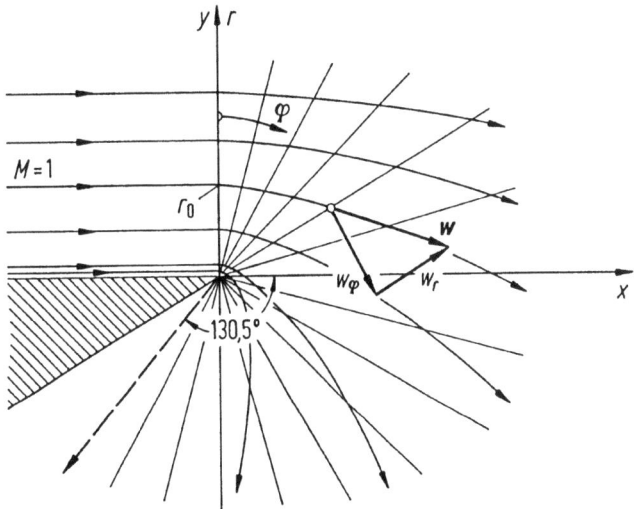

Bild 3.24. Prandtl-Meyer-Expansion in der Strömungsebene

Für die zentrierte Eckenexpansion eines Schallparallelstrahles (Bild 3.24) ist auch in der Strömungsebene eine explizite Lösung möglich [16], [17]. Auf allen Strahlen durch die Ecke sind die Strömungsgrößen konstant, d.h., sie sind nur von φ abhängig. Für die Radial- (w_r) und die Umfangskomponente w_φ der Geschwindigkeit gilt [18]

$$w_r = w_{max} \sin \sqrt{\frac{\kappa - 1}{\kappa + 1}} \varphi,$$
$$w_\varphi = a = a^* \cos \sqrt{\frac{\kappa - 1}{\kappa + 1}} \varphi. \qquad (3.66)$$

Bei der Expansion

$$0 \leq \varphi \leq \varphi_{\max} = \sqrt{(\kappa+1)/(\kappa-1)} \cdot \pi/2$$

wächst w_r von 0 auf $w_{\max}$ an, während w_φ von $a = a^*$ auf 0 abfällt. Der Grenzwinkel $\varphi_{\max}$ entspricht (3.65). Für die Stromlinie durch den Punkt $\varphi = 0$, $r = r_0$ gilt

$$r = \frac{r_0}{\left(\cos\sqrt{\dfrac{\kappa-1}{\kappa+1}}\,\varphi\right)^{\frac{\kappa+1}{\kappa-1}}}.$$

Für $\varphi \to \varphi_{\max}$ geht $r \to \infty$. Der ganzen Strömungsebene entspricht im Hodographen der Epizykloidenast von

$$M = M^* = 1 \quad \text{bis} \quad M^*_{\max} = \sqrt{(\kappa+1)/(\kappa-1)}$$

bei der Umlenkung (3.65). Die Abbildung entartet also. Bei der Expansion eines Überschallparallelstrahles ($M_1 > 1$, $\vartheta_1 = 0$) längs einer gekrümmten Wandkontur (Bild 3.25) ist die Darstellung analog. Die (ξ = const)- Charakteristiken sind geradlinig, da die Expansion an ein Gebiet konstanten Zustandes anschließt, sog. einfache Welle. Die (η = const)- Kurven sind zur Wand gekrümmt. Im Hodographen entspricht der Expansion das Stück auf der Epizykloide von $P'_1 \to P'_6$.

3.5.4 Düsenströmungen

Mit den Charakteristikengleichungen (3.59, 3.60) kann man das zweidimensionale Strömungsfeld im Überschallteil von Lavaldüsen (3.4.1) berechnen. Dazu schreibt man (3.59, 3.60) in Differenzenapproximation und diskretisiert gleichzeitig die Anfangs- oder Randvorgaben. Sind w und ϑ auf der *Anfangskurve* A bekannt, z.B. in den Punkten P und Q (Bild 3.26), so kann man im jeweiligen Schnittpunkt der Charakteristikenrichtungen, z.B. R, w_R und ϑ_R, aus dem aus (3.59, 3.60) folgenden linearen

Zweidimensionale Strömungen

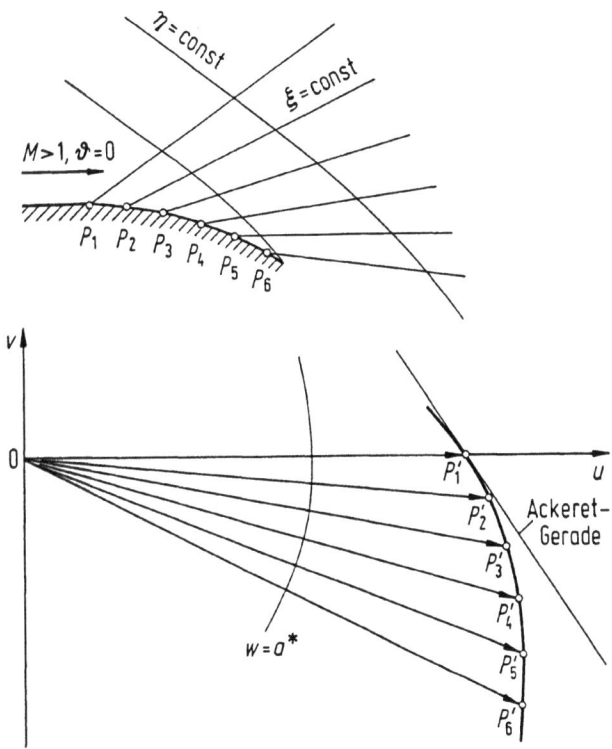

Bild 3.25. Überschallexpansion in der Strömungsebene und im Hodographen

Gleichungssystem bestimmen:

$$\vartheta_R - \vartheta_P - \sqrt{M_P^2 - 1}\,\frac{w_R - w_P}{w_P} = 0, \quad \xi = \text{const}, \quad (3.67)$$

$$\vartheta_R - \vartheta_Q + \sqrt{M_Q^2 - 1}\,\frac{w_R - w_Q}{w_Q} = 0, \quad \eta = \text{const}. \quad (3.68)$$

Durch wiederholte Anwendung derselben Operationen kann man alle Strömungsdaten im Einflußbereich der Anfangswerte berechnen. Dasselbe Verfahren kann in der Hodographenebene mit Hilfe

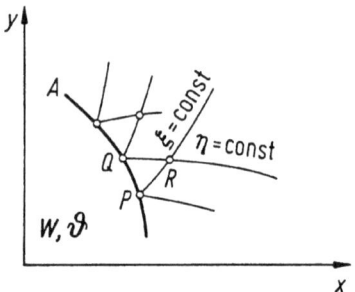

Bild 3.26. Zur Lösung der Anfangswertaufgabe

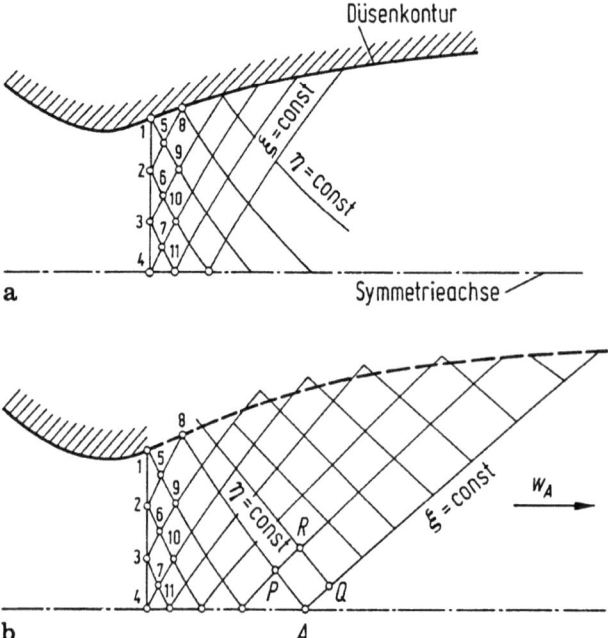

Bild 3.27. Lavaldüse. **a** Charakteristikenverfahren, **b** Konstruktion der Parallelstrahldüse

der Epizykloiden durch die Bildpunkte von P und Q durchgeführt werden. Liegt in R ein *Rand* vor, so führt nur eine Charakteristik zu ihm (z.B. $\eta = $ const) und es gilt (3.68). Im Fall der festen

Zweidimensionale Strömungen

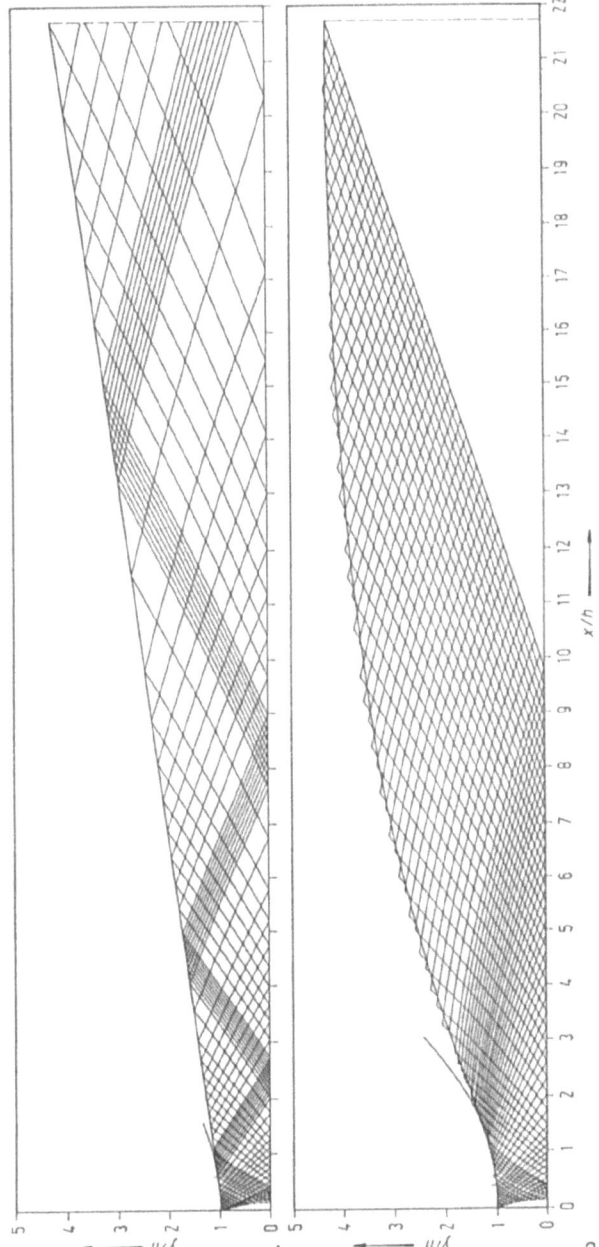

Bild 3.28. Berechnete Lavaldüsen, Austrittsmachzahl $M = 3$, $\kappa = 1,4$. **a** Keildüse, **b** Ebene Parallelstrahldüse [25]

Wand ist ϑ_R dort vorgeschrieben, und wir erhalten w_R. Handelt es sich um einen freien Strahlrand (z.B. am Düsenaustritt), so kennen wir dort den Druck und damit w_R. (3.68) liefert dann die Strahlrichtung ϑ_R.

Bei einer Lavaldüse ist die Kontur vorgegeben (Bild 3.27a). Hinter dem engsten Querschnitt seien die Überschallanfangswerte (transsonische Lösung) z.B. für 1, 2, 3 und 4 bekannt, 5, 6, 7, 9, 10 ergeben sich durch Lösung des Anfangswertproblems, 8 und 11 aus dem Randwertproblem. So kann das gesamte Überschallstromfeld zwischen Düsenkontur und Symmetrieachse sukzessive bestimmt werden. Handelt es sich dagegen um die Bestimmung einer Parallelstrahldüse, wie sie z.B. in der Meßstrecke eines Überschallkanales benötigt wird, so ist die Kontur nur bis zum Anfangsquerschnitt gegeben (Bild 3.27b). Die Expansion am Rand (8) erfolgt soweit, bis auf der Achse A die gewünschte Austrittsgeschwindigkeit w_A erreicht ist. Die durch A gehende $(\xi = \text{const})$-Charakteristik $(w_A, \vartheta_A = 0)$ ist geradlinig. Nun werden in dem durch die beiden Charakteristiken $\xi = \text{const}$ und $\eta = \text{const}$ begrenzten Winkelbereich mit Spitze in A die Strömungsdaten (w, ϑ) berechnet. Die gewünschte Düsenkontur ergibt sich als Stromlinie, die auf das Richtungsfeld paßt (Bild 3.28).

3.5.5 Profilumströmungen

An der Profilspitze soll für $M_\infty > 1$ ein anliegender Stoß auftreten. Wir erläutern das Wesentliche zunächst an der Keilströmung (Bild 3.29). Eingetragen sind neben dem Stoß die Machschen Linien, die hier geradlinig sind. Bei geringer Überschallanströmung ($M_\infty = 1{,}20$) handelt es sich um einen schwachen, steilen Stoß, der winkelhalbierend zwischen den linksläufigen Machschen Linien vor und hinter dem Stoß verläuft. Je größer M_∞ ist, desto mehr neigt sich der Stoß zur Keiloberfläche, seine Intensität nimmt dabei zu. Die Beeinflussung der Strömung durch den Keil beschränkt sich bei solchen Hyperschallströmungen auf den schmalen Sektor zwischen Stoß und Keiloberfläche.

Liegt anstelle eines Keiles ein gekrümmtes Profil vor, so muß die Rechnung in Differenzenform unter Verwendung der

Zweidimensionale Strömungen

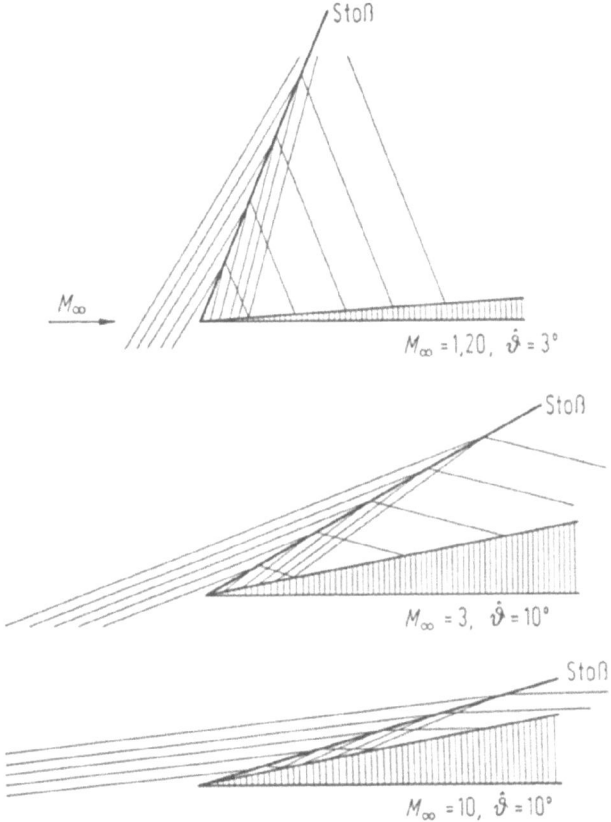

Bild 3.29. Zur Überschallströmung am Keil

Charakteristiken- und der Stoßgleichungen erfolgen. An der Körperspitze beginnen wir lokal mit der Keillösung. Sodann rechnen wir (Bild 3.29) längs ξ = const mit (3.60) vom Körper an den Stoß heran (Stoßrandwertaufgabe). Im Hodographen führt dies auf den Schnitt einer Epizykloiden mit der Stoßpolaren. Dadurch ergeben sich alle Strömungsdaten hinter dem Stoß sowie eine abgeänderte Neigung Θ desselben. Damit kann die Rechnung im Feld zwischen Stoß und Körper fortgesetzt werden. Bild

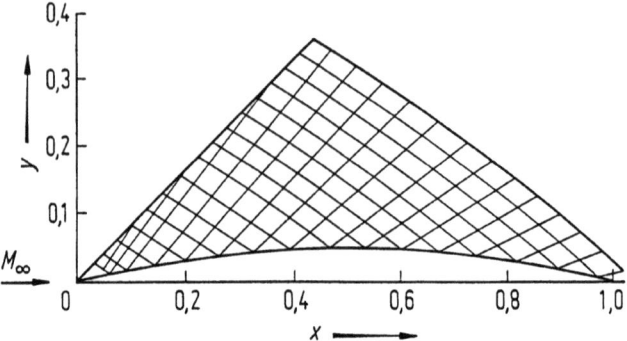

Bild 3.30. Überschallströmung ($M_\infty = 2$) um ein 10 % dickes Parabelzweieck

3.30 zeigt den Stoß sowie das Charakteristikennetz für ein Parabelzweieck ($\tau = 0{,}10$) bei $M_\infty = 2$.

3.5.6 Transsonische Strömungen

In transsonischen - schallnahen - Strömungen ist im ganzen Strömungsfeld die Teilchengeschwindigkeit etwa gleich der Schallgeschwindigkeit (Signalgeschwindigkeit). Der Körper bewegt sich also nahezu mit der Geschwindigkeit, mit der von ihm Störungen ausgesandt werden. Die typischen Eigenschaften solcher Felder erkennt man bereits bei der Umströmung schlanker Profile (Bild 9.31a-c). Bei schallnaher Unterschallanströmung $M_\infty \lesssim 1$ (Bild 9.31a) entsteht in der Umgebung des Dickenmaximums ein *lokales Überschallgebiet*, das stromabwärts in der Regel durch einen Verdichtungsstoß abgeschlossen wird. Die lokale Machzahlverteilung auf der Profilstromlinie veranschaulicht die Strömung. Vor dem Körper erfolgt ein Abbremsen bis zum Staupunkt, danach Beschleunigung auf Überschall. Im Stoß Sprung auf Unterschall mit anschließender Nachexpansion. Dann Verzögerung zum hinteren Staupunkt mit nachfolgender Annäherung an die Zuströmung. Im schallnahen Überschall $M_\infty \gtrsim 1$ (Bild 9.31c) löst die Kopfwelle in der Regel ab. Zwischen Stoß und Körper liegt ein *lokales Unterschallgebiet*. Durch die Verdrängung des Körpers kommt es anschließend zu einer Beschleunigung auf Überschall bis zur Schwanzwelle. Die Grenz-Machlinie ist die letzte vom Körper ausgehende Charakteristik, die das Unterschallgebiet trifft, während die Einflußgrenze die vom Unterschallgebiet ausgehenden Störungen stromabwärts berandet. $M_\infty \to 1$ führt zum Grenzfall der Schallanströmung (Bild 9.31b). Die Schallinie geht bis zum Unendlichen und die Strömung wird am Körper bis zur Schwanzwelle beschleunigt. Vergleicht man die Machzahlverteilungen auf dem Körper, so ändern sie sich in Schallnähe wenig, die sog. *Einfrierungseigenschaft*. Die Begründung ist die folgende: ist $M_\infty \gtrsim 1$ sehr wenig über 1, so steht die Kopfwelle als nahezu senkrechter Stoß in großer Entfernung mit $\hat{M}_\infty \lesssim 1$. Damit registriert das Profil die schallnahe Überschallanströmung quasi als Unterschallanströmung, d.h., die Strömungsdaten auf dem Profil ändern sich von $M_\infty \lesssim 1$ nach $M_\infty \gtrsim 1$ nur noch unwesentlich.

Für schlanke Profile, die nur kleine Störungen der Parallelströmung hervorrufen, gilt jetzt statt (3.54)

$$(1 - M_\infty^2)\varphi_{xx} + \varphi_{yy} = f(M_\infty, \kappa)\varphi_x\varphi_{xx}, \tag{3.69}$$

$$f(M_\infty, \kappa) = M_\infty^2\{2 + (\kappa - 1)M_\infty^2\} \to \kappa + 1,$$

für $M_\infty \to 1$.

$$\varphi_y(x, 0) = \frac{dh}{dx} = \tau\frac{dq}{dx}. \tag{3.70}$$

Der rechts in (3.69) auftretende nichtlineare Term ist der erste in einer Entwicklung und muß berücksichtigt werden, weil in Schallnähe durchaus

$$1 - M_\infty^2 \sim f(M_\infty, \kappa)\varphi_x \sim (\kappa + 1)\varphi_x$$

gelten kann. Insbesondere im Grenzfall $M_\infty \to 1$ wird

$$\varphi_{yy} = (\kappa + 1)\varphi_x\varphi_{xx}, \qquad \varphi_y(x, 0) = \tau\frac{dq}{dx}. \tag{3.71}$$

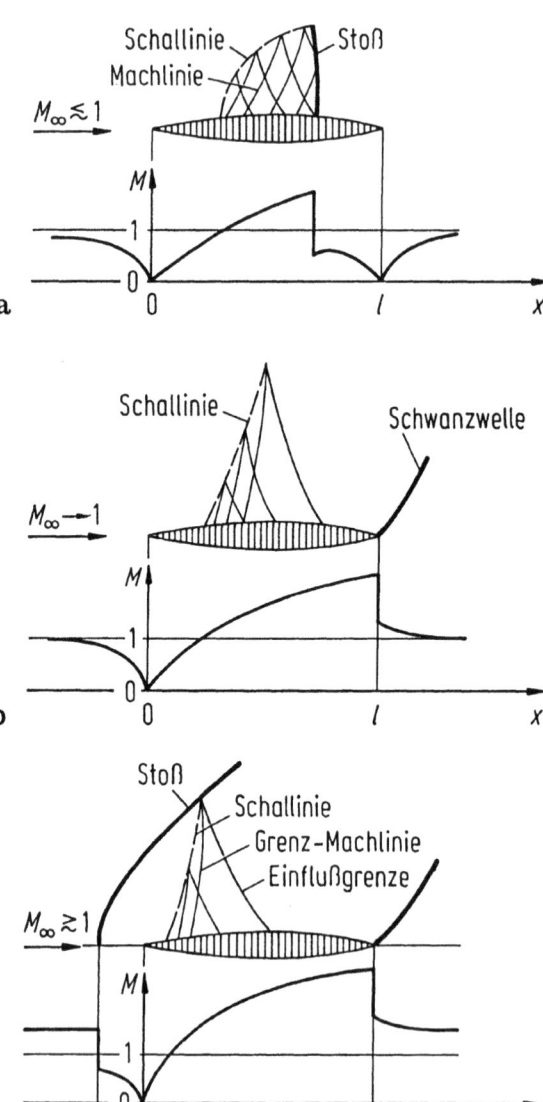

Bild 3.31. Stromfelder und Machzahlverteilungen. **a** $M_\infty \lesssim 1$, **b** $M_\infty = 1$, **c** $M_\infty \gtrsim 1$

Es handelt sich um quasilineare partielle Differentialgleichungen. Die Schwierigkeiten bei der Lösung derselben (numerisch oder analytisch) entsprechen der physikalischen Problematik (Bild 3.31a-c). Allerdings sind Ähnlichkeitsaussagen möglich. Die Prandtl-Glauert-Transformationen der linearen Theorie gelten auch hier, wenn Profile betrachtet werden, für die der schallnahe Kármánsche Parameter [19] konstant ist:

$$\chi = \frac{|1 - M_\infty^2|}{(\kappa + 1)^{2/3} \tau^{2/3}}. \tag{3.72}$$

Vergleicht man Profile verschiedener Dicke τ miteinander, so müssen die Machzahlen M_∞ dementsprechend gewählt werden. Die Prandtl-Meyer-Expansion (3.63) enthält sofort die Aussage $\chi = $ const, wenn man die Umlenkung als Maß für die Dicke betrachtet. Dem Parameter (3.72) kommt eine Schlüsselrolle zu. Aus (3.69) und (3.56) folgt z.B. als Abgrenzung

$\chi \gg 1$ lineare Theorie,
$\chi \lesssim 1$ transsonische, nichtlineare Theorie.

Das heißt, der Gültigkeitsbereich der jeweiligen Theorie hängt sowohl von τ als auch von M_∞ ab. Viele charakteristische Eigenschaften bei der Profilumströmung sind durch (3.72) bestimmt. Für die Stoßlage (Bild 9.31a) gilt $x_S/l = g(\chi)$, wobei g allein durch die Profilklasse gegeben ist. Für den Stoßabstand von der Körperspitze (Bild 9.31c) ergibt sich $d/l = f(\chi)$. Hier kann für alle Profile die asymptotische Aussage $f \sim 1/\chi^2$ gemacht werden [20]. Wann zum ersten Mal am Dickenmaximum Schall erreicht wird (kritische Mach-Zahl), wann der abschließende Stoß in die Schwanzwelle übergeht, wann die Kopfwelle ablöst, ist allein durch einen charakteristischen χ-Wert bestimmt.

Die experimentelle Realisierung transsonischer Strömungen bereitet Schwierigkeiten. Im schallnahen Unterschall kommt es zur *Blockierung* (vgl. 3.4.1), wenn die Schallinie vom Körper bis zur Gegenwand reicht (Bild 3.32). Die Stromfadentheorie liefert

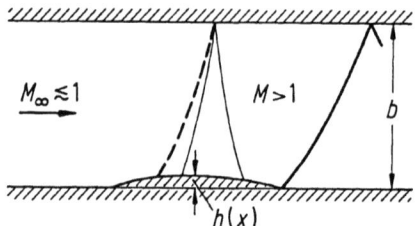

Bild 3.32. Zur Strömung im blockierten Kanal

$$M_{\infty\text{Block}} = \begin{cases} 1 - \sqrt{\dfrac{\kappa+1}{2} \cdot \dfrac{h_{\max}}{b}} & \text{zweidimensional,} \\ 1 - \sqrt[3]{\dfrac{\kappa+1}{2} \cdot \dfrac{h_{\max}}{b}} & \text{rotationssymmetrisch,} \end{cases} \quad (3.73)$$

$\dfrac{h_{\max}}{b}$		0,01	0,05
$M_{\infty\text{Block}}$	zweidimensional	0,89	0,75
	rotationssymmetrisch	0,99	0,95

Der Einfluß ist im ebenen Fall gravierend. Eine Steigerung von $M_{\infty\text{Block}}$ über die angegebenen Werte hinaus ist nur durch Änderung der Randbedingungen an der Gegenwand möglich (Absaugen, Adaption, usw.) Der Blockierungszustand dient häufig der Simulation der Schallanströmung. Bei $M_\infty > 1$ werden die Machschen Wellen an der *Kanalwand* reflektiert (Bild 3.33). Für

$$\frac{b}{l} \geq \frac{1}{\sqrt{M_\infty^2 - 1}} = \tan \alpha_\infty$$

treffen sie nicht mehr auf den Körper und haben keinen Einfluß auf die Strömungswerte.

Zweidimensionale Strömungen

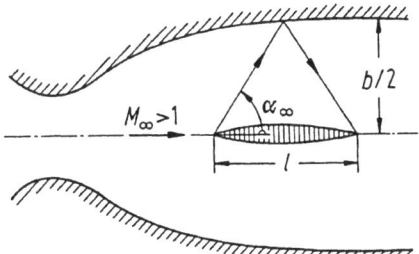

Bild 3.33. Zur Reflektion der Machschen Linien an der Kanalwand

Profilströmungen und Lavaldüsen-Lösung

Mit der transsonischen Lavaldüsen-Lösung kann man die Eigenschaften der Profilströmungen (Bild 3.31) bestätigen und die Ausgangswerte für das Charakteristikenverfahren (Bild 3.27 und 3.5.4) berechnen. (3.71) hat die Polynomlösung

$$\varphi(x,y) = Ax^2 + 2A^2(\kappa+1)xy^2 + \frac{A^3(\kappa+1)^2}{3}y^4, \quad (3.74)$$

$$\varphi_x = \frac{u-a^*}{a^*} = 2Ax + 2A^2(\kappa+1)y^2, \quad (3.75)$$

$$\varphi_y = \frac{v}{a^*} = 4A^2(\kappa+1)xy + \frac{4}{3}A^3(\kappa+1)^2y^3. \quad (3.76)$$

Für $A > 0$ ist dies eine längs der x-Achse (Symmetrieachse der Düse) von Unterschall auf Überschall beschleunigte Strömung. Die Schallinie ($\varphi_x = 0$) ist eine Parabel (Bild 3.34)

$$y = \pm\sqrt{-\frac{x}{A(\kappa+1)}}.$$

Die Wandstromlinie ($y(0) = y^*$) folgt durch Integration aus (3.76)

$$y - y^* = 2A^2(\kappa+1)y^*x^2 + \frac{4}{3}A^3(\kappa+1)^2y^{*3}x,$$

mit dem Scheitel bei $x_S = -A(\kappa+1)/3 \cdot y^{*2}$.

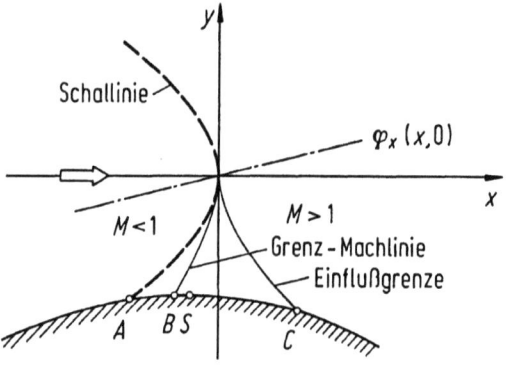

Bild 3.34. Lavaldüsenströmung

Für die Charakeristiken (3.59, 3.60) kommt mit $|\vartheta| \ll \alpha$ und $M_\infty \to 1$

$$\begin{aligned}
\frac{dy}{dx} &= \tan(\vartheta \mp \alpha) = \mp \tan \alpha = \mp \frac{1}{\sqrt{M^2-1}} \\
&= \mp \frac{1}{\sqrt{M_\infty^2 - 1 + f(M_\infty, \kappa)\dfrac{u-u_\infty}{u_\infty}}} \\
&= \mp \frac{1}{\sqrt{(\kappa+1)\dfrac{u-a^*}{a^*}}}
\end{aligned}$$

die gewöhnliche Differentialgleichung 1. Ordnung

$$\frac{dy}{dx} = \mp \frac{1}{\sqrt{2A(\kappa+1)\left[x + A(\kappa+1)\,y^2\right]}}.$$

Alle Machschen Linien besitzen Spitzen mit vertikaler Tangente auf der Schallinie. Grenz-Machlinie: $y = \pm\sqrt{(-2x)/(A(\kappa+1))}$, Einflußgrenze: $y = \pm\sqrt{x/(A(\kappa+1))}$. Die Schallinie und die Grenz-Machlinie (Bild 3.34) treffen (A, B) bereits vor dem engsten Querschnitt (Scheitel S) auf die Düsenwand, die Einflußgrenze danach. Dies entspricht völlig der Profilströmung (Bild 3.31c).

Die Ergebnisse können mit (R^* Krümmungsradius)

$$A = \frac{1}{2\sqrt{(\kappa+1)R^*y^*}}$$

auf eine vorgegebene Düse umgerechnet werden. Für den Massenstrom $\dot m$ ergibt sich (Düsenbreite b) [21]:

$$\frac{\dot m}{\varrho^* a^* y^* b} = 1 - \frac{\kappa+1}{90}\left(\frac{y^*}{R^*}\right)^2,$$

eine in der Regel kleine Abnahme gegenüber dem Stromfadenwert. Im achsensymmetrischen Fall ist lediglich rechts im Nenner 90 durch 96 zu ersetzen.

Einordnung der transsonischen Strömungen

Zur Einordnung stellen wir die Größenordnungen der Geschwindigkeitsstörungen auf schlanken, nichtangestellten Körpern ($\tau \ll 1$) zusammen [22]:

M_∞	< 1	~ 1	> 1	≫ 1	
$\dfrac{u - u_\infty}{u_\infty}$	τ	$\tau^{2/3}$	τ	τ^2	zweidimensional
$\dfrac{v}{u_\infty}$	τ	τ	τ	τ	
$\dfrac{u - u_\infty}{u_\infty}$	$\tau^2 \ln \tau$	τ^2	$\tau^2 \ln \tau$	τ^2	achsensymmetrisch

Während also für $M_\infty \gtrless 1$ im zweidimensionalen Fall u- und v-Störungen stets von gleicher Größenordnung sind, ist in Schallnähe die u-Störung größer und im Hyperschall kleiner als die v-Störung. Das liegt an den unterschiedlichen physikalischen Strukturen dieser Strömungsfelder.

Auftriebs- und Widerstandsbeiwerte

Wichtig für die Anwendungen ist der *Auftriebsbeiwert* c_A der ebenen Platte bei geringer Anstellung ($\epsilon \ll 1$)

M_∞	$\ll 1$	< 1	≈ 1	> 1	$\gg 1$
c_A	$2\pi\epsilon$	$\dfrac{2\pi\epsilon}{\sqrt{1-M_\infty^2}}$	$\dfrac{5,72\epsilon^{2/3}}{(\kappa+1)^{1/3}}$	$\dfrac{4\epsilon}{\sqrt{M_\infty^2-1}}$	$(\kappa+1)\epsilon^2$
$\epsilon = 5°$	0,55		0,84	0,35 ($M_\infty = \sqrt{2}$)	0,018

Der Wert bei Schall ist bemerkenswert groß [23].
Der *Widerstandsbeiwert* c_W für das Rhombusprofil [24]

M_∞	≈ 1	> 1	$\gg 1$
c_W	$\dfrac{5,47\tau^{5/3}}{(\kappa+1)^{1/3}}$	$\dfrac{4\tau^2}{\sqrt{M_\infty^2-1}}$	$2\tau^3$
$\tau = 0,10$	0,088	0,04 ($M_\infty = \sqrt{2}$)	0,002

4 Gleichzeitiger Viskositäts- und Kompressibilitätseinfluß

4.1 Eindimensionale Rohrströmung mit Reibung

In diesem Kapitel werden Kompressibilität und Reibung in einfacher Form gleichzeitig berücksichtigt. Wir benutzen ein Modell, bei dem die Reibung allein im Impulssatz über die Wandschubspannung $\tau_w = (\lambda/4)(\varrho/2)\,w^2$ eingeht. Für die Widerstandszahl λ gilt hierin im allgemeinen

$$\lambda = f(Re, M), \quad Re = \frac{w d_h}{\nu} = \frac{\varrho w \cdot 4A}{\eta U}. \tag{4.1}$$

$d_h = 4A/U$ bezeichnet den hydraulischen Durchmesser des Rohres.

Kontinuitätsbedingung:

$$\frac{1}{w} \cdot \frac{dw}{dx} + \frac{1}{\varrho} \cdot \frac{d\varrho}{dx} = 0, \tag{4.2}$$

Impulssatz:

$$\frac{1}{w} \cdot \frac{dw}{dx} + \frac{1}{\kappa M^2} \cdot \frac{1}{p} \cdot \frac{dp}{dx} = -\frac{\lambda}{2} \cdot \frac{1}{d_h}, \tag{4.3}$$

Zustandsgleichung:

$$\frac{1}{\varrho} \cdot \frac{d\varrho}{dx} + \frac{1}{T} \cdot \frac{dT}{dx} - \frac{1}{p} \cdot \frac{dp}{dx} = 0, \tag{4.4}$$

Mach-Zahlgleichung:

$$\frac{1}{w} \cdot \frac{dw}{dx} - \frac{1}{2T} \cdot \frac{dT}{dx} - \frac{1}{M} \cdot \frac{dM}{dx} = 0. \quad (4.5)$$

Bei *adiabater* Strömung - gute Isolation des Rohres - benutzen wir $w^2/2 + c_p T = \text{const}$, d.h.

Energiesatz:

$$\frac{1}{w} \cdot \frac{dw}{dx} + \frac{1}{\kappa - 1} \cdot \frac{1}{M^2} \cdot \frac{1}{T} \cdot \frac{dT}{dx} = 0. \quad (4.6)$$

(4.2) bis (4.6) beschreiben als gewöhnliche Differentialgleichungen die Änderungen von p, ϱ, T, w, M mit der Rohrlänge x. Elimination ergibt

$$\frac{1 - M^2}{1 + \frac{\kappa - 1}{2} M^2} \cdot \frac{1}{M^3} \cdot \frac{dM}{dx} = \frac{\kappa}{2} \cdot \frac{\lambda}{d_h}. \quad (4.7)$$

Durch Rohrreibung werden also Unterschallströmungen beschleunigt ($dM/dx > 0$), Überschallströmungen dagegen verzögert ($dM/dx < 0$). Ein Schalldurchgang ist dabei jedoch nicht möglich. Der Reibungseinfluß wirkt hier ähnlich wie eine Querschnittsverengung bei reibungsloser Strömung (3.38). Integration von (4.7) bei $\lambda = \text{const}$ und $M = 1$ bei $x = 0$ gibt

$$\frac{1}{\kappa}\left(1 - \frac{1}{M^2}\right) + \frac{\kappa + 1}{2\kappa} \ln\left[1 - \frac{2}{\kappa + 1}\left(1 - \frac{1}{M^2}\right)\right] = \frac{\lambda}{d_h} x. \quad (4.8)$$

Alle (stoßfreien) Strömungen im Rohr werden in nomierter Form durch (4.8) beschrieben. Andere Randbedingungen erfordern eine Translation in x-Richtung. Das zugehörige Diagramm von Koppe und Oswatitsch [1], [2] gestattet, den gleichzeitigen Einfluß von Reibung und Kompressibilität zu erfassen (Bild 4.1). Durch Messungen werden diese Kurve und damit das benutzte Modell gut bestätigt [3]. (4.8) entspricht qualitativ völlig dem Zusammenhang $A/A^* = f(M)$ bei der Lavaldüsenströmung (3.39). Für die

Eindimensionale Rohrströmung mit Reibung

Anwendungen ist die Umrechnung von M auf p an der Ordinate zweckmäßig:

$$\frac{p}{p_0} \cdot \frac{\dot{m}_{max}}{\dot{m}} = \frac{\left(\frac{2}{\kappa+1}\right)^{\frac{\kappa}{\kappa-1}}}{M\sqrt{1+\frac{\kappa-1}{\kappa+1}(M^2-1)}}$$

$$= \frac{0,528}{M\sqrt{1+\frac{\kappa-1}{\kappa+1}(M^2-1)}}, \qquad (4.9)$$

mit $\dot{m}_{max} = \varrho^* a^* A$ als maximalem Massenstrom ohne Reibung und $\dot{m} = \varrho_1 w_1 A$ als effektivem, durch die Reibung reduziertem Massenstrom. Eine *Unterschallströmung* wird im Rohr höchstens bis $M_2 = 1$ beschleunigt, sofern $(p_2/p_0) \cdot (\dot{m}_{max}/\dot{m}) \leqq p_0^*/p_0 = 0,528$ ist. Die hierzu erforderliche Rohrlänge in Vielfachen von d_h liefert (4.8).
Eine *Überschallströmung* wird im Rohr verzögert. Hierbei kann, wenn die Rohrlänge nicht paßt, d.h., wenn es im Rohr zu einer Reibungsblockierung ($M = 1$) kommt, ein Stoß auftreten (Bild 4.2). Die Stoßkurve genügt (3.18). Hinter dem Stoß liegt der oben besprochene Unterschallfall vor. Am Rohrende kommt es dann zur Schallgeschwindigkeit, wenn der Gegendruck genügend abgesenkt ist [4], [5]. Messungen zeigen, daß λ von M weitgehend unabhängig ist. Für die Re-Abhängigkeit gilt das Moody-Colebrook-Diagramm (Bild 2.45). Die Reynolds-Zahl kann sich längs x durch $\eta = \eta(T)$ ändern. Meistens reicht es einen konstanten Mittelwert zu nehmen.

Beispiel: In den Anwendungen (Bild 4.1) sind häufig gegeben: p_2; p_0, ϱ_0, T_0; A, d_h, l; κ, η; gefragt ist der einsetzende Massenstrom $\dot{m}$. Am einfachsten ist das folgende Rechenverfahren [4], bei dem $\dot{m}$ zunächst als freier Parameter betrachtet wird. $\dot{m}_{max}$ ist bekannt, $Re = \varrho_1 w_1 d_h/\eta = \dot{m}d_h/(A\eta)$ und damit $\lambda = F(Re)$. $\varrho_1 w_1 = \dot{m}/A$ führt mit (3.43) zu p_1/p_0. (4.9) gibt M_1. Mit l ergibt (4.8) M_2. Bild 4.1 führt zu p_2. Ist dies der vorgegebene Wert, so ist die Rechnung beendet. Ansonsten ist sie mit verändertem $\dot{m}$

174 Gleichzeitiger Viskositäts- und Kompressibilitätseinfluß

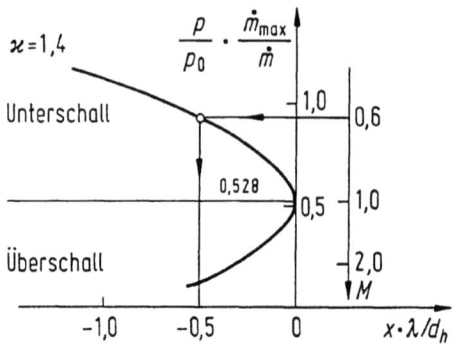

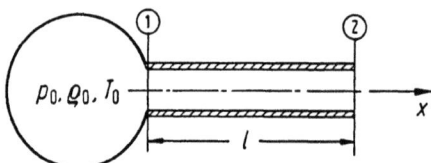

Bild 4.1. Druck- und Mach-Zahlverteilung in Rohren mit Reibung

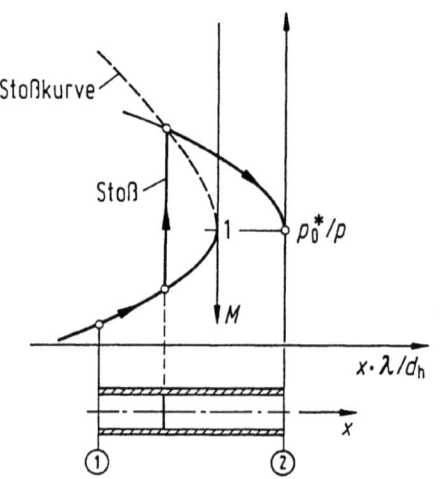

Bild 4.2. Rohrströmung mit Reibung und Verdichtungsstoß

erneut durchzuführen.
Einfacher ist natürlich der Fall, daß $\dot{m}$ bekannt ist und z.B. nach der Rohrlänge l mit $M_2 = 1$ gefragt wird.

Zahlenbeispiel: $p_0 = 2 \,\text{bar}$, $\varrho_0 = 2,18 \,\text{kg/m}^3$, $T_0 = 320$ K; $d_h = 0,2 \,\text{m}$, $\kappa = 1,40$, $\eta = 19,4 \cdot 10^{-6} \text{Pa·s}$, $\dot{m} = 10 \,\text{kg/s}$. Wir erhalten der Reihe nach: $\dot{m}_{max} = 14,2 \,\text{kg/s}$, $Re = 3,3 \cdot 10^6$, $\lambda = 0,0096$, $p_1 = 1,728$ bar, $\varrho_1 = 1,964 \,\text{kg/m}^3$, $T_1 = 306,88$ K, $M_1 = 0,46$, $l = 30,2$ m, $p_2 = 0,74 \,\text{bar}$, $M_2 = 1$.

4.2 Kugelumströmung, Naumann-Diagramm für c_W

Charakteristische Einflüsse von Kompressibilität (M_∞) und Reibung (Re_∞) zeigen sich bei der Kugelumströmung [6] (Bild 4.3). Für $M_\infty \leq 0,3$ tritt kein wesentlicher Einfluß der Mach-Zahl auf. Dort liegt, insbesondere im kritischen Bereich ($Re_\infty = 4 \cdot 10^5$), die typische Abhängigkeit von der Reynolds-Zahl vor (Bild 2.62). Bei Steigerung der Mach-Zahl nimmt der Druckwiderstand erheblich zu (Newtonsches Modell, $c_W = 1$!). Jetzt tritt der Einfluß der Reynolds-Zahl und damit verbunden der des Umschlages mit dem rapiden Abfall von c_W zurück. Nun dominiert die Mach-Zahl. Für $M_\infty^2 \gg 1$ (Hyperschall) hängt c_W weder von M_∞ noch von Re_∞ ab, es gilt die Einfrierungseigenschaft [7]. Ein ganz entsprechendes Verhalten bezüglich der Mach- und Reynoldszahlabhängigkeit tritt auch bei Verzögerungsgittern auf [8].

4.3 Grundsätzliches über die laminare Plattengrenzschicht

Für $Pr = \eta c_p/\lambda = 1$ und $(\partial T/\partial y)_w = 0$ gilt $T_w = T_0 = T_\infty(1 + (\kappa - 1)M_\infty^2/2)$. Die Ruhetemperatur T_0 stimmt hier mit der adiabaten Wandtemperatur T_w überein. Bild 4.4 enthält auch den Fall anderer Temperaturrandbedingungen. Ist $Pr \neq 1$, so gilt für die adiabate Wandtemperatur (Eigentemperatur) $T_w = T_\infty(1 + r(\kappa - 1)M_\infty^2/2)$. Der sog. *Recovery-Faktor* $r = \sqrt{Pr}$

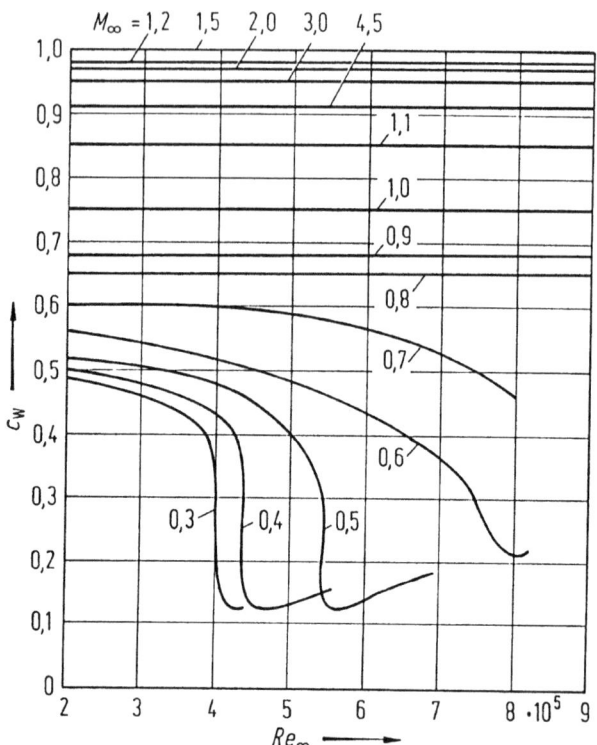

Bild 4.3. Kugelwiderstand als Funktion von M_∞ und Re_∞ [6]

gibt das Verhältnis der Erwärmung durch Reibung zu derjenigen durch adiabate Kompression an:

$$r = \sqrt{Pr} = \frac{T_w - T_\infty}{T_0 - T_\infty}.$$

Für $Pr \neq 1$ unterscheidet sich also die Wandtemperatur T_w von der Ruhetemperatur T_0. Dies ist bei der Temperaturmessung in strömenden Gasen zu beachten.
Bei $M_\infty^2 \gg 1$ führt die starke Erwärmung der Grenzschicht ($p =$ const), $\varrho/\varrho_\infty = T_\infty/T \ll 1$, zu einer Massenstromreduktion und

Grundsätzliches über die laminare Plattengrenzschicht

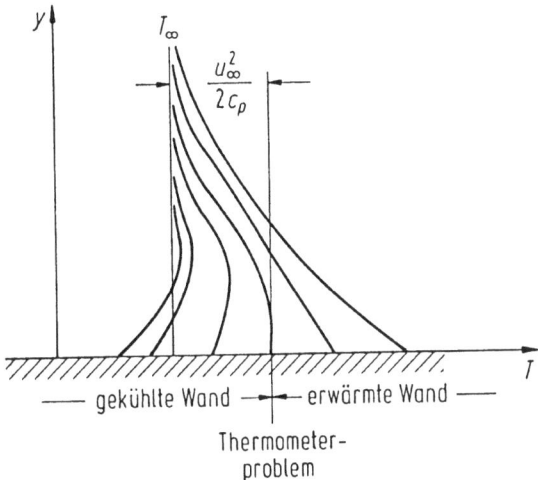

Bild 4.4. Temperaturprofile in der Grenzschicht bei erwärmter oder gekühlter Wand

damit zu einer Zunahme der Verdrängungsdicke δ_1 (Bild 4.5) [9]. Mit dem Viskositätsansatz

$$\frac{\eta}{\eta_w} = \left(\frac{T}{T_w}\right)^\omega$$

und der Newtonschen Schubspannung $\tau = \eta \cdot \partial u/\partial y$ gilt für den lokalen Reibungskoeffizienten ([10], S.468)

$$c_f = \frac{\tau_w}{\frac{\varrho_\infty}{2} u_\infty^2} = \frac{k}{\sqrt{Re_x}},$$

$$k^2 \sim \frac{\varrho \eta}{\varrho_w \eta_w} = \left(\frac{T_w}{T}\right)^{1-\omega}. \qquad (4.10)$$

Durch Integration erhält man Bild 4.6 [11]. $\omega = 1$ gibt den Wert der inkompressiblen Strömung. Der Machzahleinfluß ist generell relativ gering. Das liegt daran, daß durch die Aufheizung η zwar ansteigt, aber gleichzeitig $\partial u/\partial y$ abfällt (Bild 4.5). Dadurch ist

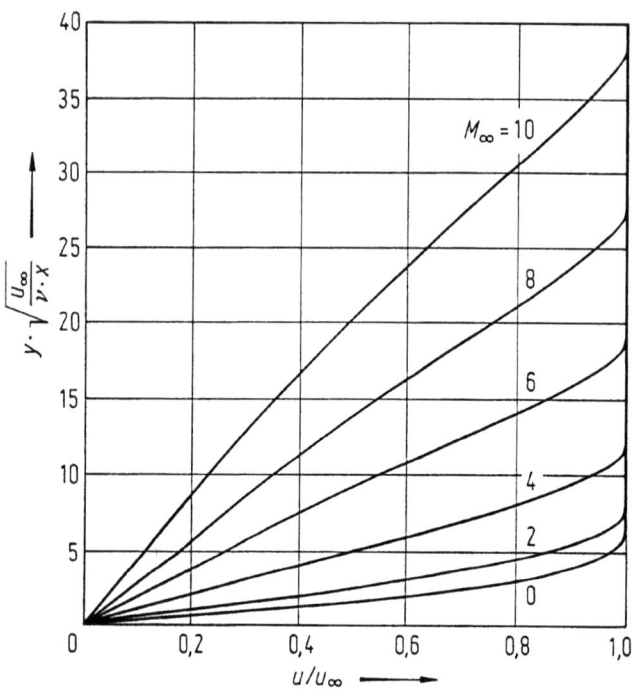

Bild 4.5. Geschwindigkeitsprofile in der Grenzschicht

eine Kompensation bei der Schubspannung und im Reibungskoeffizienten möglich. Für δ_1 ergibt sich bei $Pr = 1$, $(\partial T/\partial y)_w = 0$, $\omega = 1$

$$\frac{\delta_1}{l} \sim \frac{1}{k\sqrt{Re_\infty}} \left(1 + \frac{\kappa - 1}{2} M_\infty^2\right) \sim \frac{M_\infty^2}{k\sqrt{Re_\infty}}, \qquad (4.11)$$

woraus die starke Zunahme von δ_1 mit M_∞ ersichtlich ist.

Stoß-Grenzschicht-Interferenz

Bei der Plattengrenzschicht tritt bei Überschallanströmung ein schiefer Stoß auf, der für $M_\infty^2 \gg 1$ am Rand der relativ dicken Grenzschicht verläuft (Bild 4.7). Stoßlage (Θ) und Stoßstärke

Grundsätzliches über die laminare Plattengrenzschicht 179

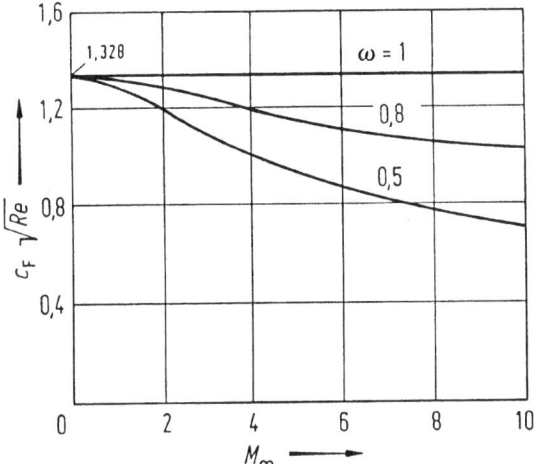

Bild 4.6. Gesamtreibungsbeiwert für die Plattengrenzschicht beim Thermometerproblem ($Pr = 1$, $\kappa = 1,40$)

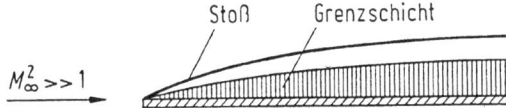

Bild 4.7. Stoß und Grenzschicht an der ebenen Platte

($\hat{p}/p$) hängen von den Grenzschichtdaten ab. Diese wiederum werden von den Stoßgrößen beeinflußt. Das führt zum Phänomen der *Stoß-Grenzschicht-Interferenz*, das durch den folgenden Parameter K beschrieben wird:

$$K = \frac{M_\infty^3}{\sqrt{Re_\infty}} \begin{cases} \lesssim 1 & \text{schwache Interferenz,} \\ \gg 1 & \text{starke Interferenz.} \end{cases} \quad (4.12)$$

K kann oft gedeutet werden als *Tsien-Parameter* [12] mit der Verdrängungsdicke δ_1 anstelle der Körperdicke τ, $K = M_\infty \tau$.

Ihm kommt eine ähnliche Bedeutung zu wie dem schallnahen (Kármánschen) Parameter (3.72). Aus (3.64) folgt z.B. eine entsprechende Aussage, falls bis ins Vakuum expandiert wird $M_\infty|\vartheta - \vartheta_\infty| = 2/(\kappa - 1)$.

Ist der Stoß weit stromab, so herrscht *schwache Interferenz*. Für den normierten Druck am Grenzschichtrand kommt mit der Ackeret-Formel (3.56):

$$C_p = \frac{p - p_\infty}{\frac{1}{2}\varrho_\infty u_\infty^2} = -2\frac{u - u_\infty}{u_\infty} = +2\frac{v/u_\infty}{\sqrt{M_\infty^2 - 1}},$$

also mit $M_\infty^2 \gg 1$ und (4.12)

$$\begin{aligned}\frac{p}{p_\infty} - 1 &= \frac{1}{2}\kappa M_\infty^2 \left(2\frac{v/u_\infty}{M_\infty}\right) = \kappa M_\infty \vartheta \\ &= \kappa M_\infty \frac{\delta_1}{l} \sim \frac{M_\infty^3}{\sqrt{Re_\infty}} = K \underset{<}{\ll} 1.\end{aligned}$$

Verläuft der Stoß in Vorderkantennähe, so herrscht *starke Interferenz*. Am Grenzschichtrand liegt ein starker, schiefer Stoß vor. Mit (3.22)

$$\begin{aligned}\frac{p}{p_\infty} \sim \frac{2\kappa}{\kappa + 1} M_\infty^2 \Theta^2 &= \frac{\kappa(\kappa + 1)}{2}(M_\infty \vartheta)^2 \\ &= \frac{\kappa(\kappa + 1)}{2}\left(M_\infty \frac{\delta_1}{l}\right)^2.\end{aligned} \quad (4.13)$$

Dieser Druck am Grenzschichtrand muß mit dem aus der Verdrängungsdicke δ_1 und (4.10) übereinstimmen:

$$\begin{aligned}\frac{\delta_1}{l} &\sim \frac{M_\infty^2}{k\sqrt{Re_\infty}}, \\ k^2 &\sim \frac{\varrho\eta}{\varrho_\infty \eta_\infty} = \frac{\varrho}{\varrho_\infty} \cdot \frac{T}{T_\infty} = \frac{p}{p_\infty}, \quad \omega = 1.\end{aligned} \quad (4.14)$$

Also (4.13) und (4.14) zusammengefaßt:

$$\begin{aligned}\sqrt{\frac{p}{p_\infty}} &\sim M_\infty \frac{\delta_1}{l} \sim \sqrt{\frac{p_\infty}{p}} \cdot \frac{M_\infty^3}{\sqrt{Re_\infty}} \\ \frac{p}{p_\infty} &\sim \frac{M_\infty^3}{\sqrt{Re_\infty}} = K \gg 1.\end{aligned}$$

(M, Re) -Ähnlichkeit in der Gasdynamik

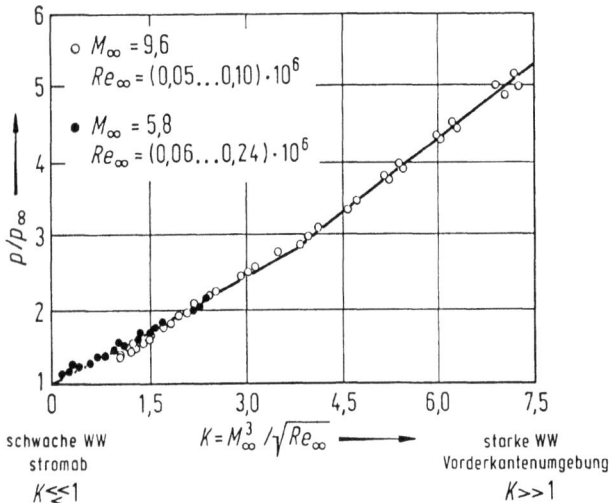

Bild 4.8. Druck an der Platte bei schwacher und starker Stoßgrenzschichtinterferenz (WW Wechselwirkung)

In beiden Fällen ergibt sich also eine *lineare* Abhängigkeit des induzierten Druckes an der Platte vom Parameter K, was durch Messungen gut bestätigt wird (Bild 4.8) [13].

4.4 (M, Re) -Ähnlichkeit in der Gasdynamik

Die Konstanz der Kennzahlen M und Re sichert die physikalische Ähnlichkeit geometrisch ähnlicher Stromfelder [14]. Für spezielle Fragestellungen können Kombinationen der folgenden Form nützlich sein:

$$\pi = \frac{M^n}{Re^m}.$$

Beispiele sind:

$$\frac{M}{Re} \;=\; Kn = \text{Knudsen-Zahl} \sim \frac{\lambda}{l} = \frac{\text{mittlere freie Weglänge}}{\text{makroskopische Länge}}$$

$$\frac{M^2}{\sqrt{Re}} \sim \frac{\delta_1}{l} = \text{Verdrängungsdicke ebene Platte,}$$

$$\frac{M^3}{\sqrt{Re}} \sim K = \text{Stoß-Grenzschichtinterferenz-Parameter}$$

Bild 4.9 enthält die zugehörigen physikalischen Aussagen in den unterschiedlichen Bereichen der M, Re-Ebene. Einige Folgerungen: Für Kontinuumsströmungen ist $Kn \ll 1$, also stets $M \ll Re$. Untersucht man z.b. schleichende Strömungen, so verlaufen sie zwangsläufig inkompressibel. Dagegen erfordern Hyperschallströmungen bei kleiner Reynolds-Zahl (Vorderkantenumgebung!) stets die Einbeziehung gaskinetischer Effekte, z.B. Gleitströmung.

In der modernen Versuchstechnik (Transsonik, Überschallkanäle) bereitet die Forderung nach der Simulation der hohen Flug-Reynolds-Zahl (bis 10^8) große Schwierigkeiten. Die Mach-Zahl läßt sich weitgehend variieren, der Kanalwandeinfluß durch Absaugung oder Adaption flexibler Wände zumindest reduzieren. Umformung von Re liefert

$$Re = \frac{\varrho w l}{\eta} = \frac{Mla}{\eta} \cdot \frac{p}{R_i T} = \frac{p l M}{\eta} \sqrt{\frac{\kappa}{R_i T}}.$$

Mit $\eta \sim T^\omega (\omega \sim 0,9)$ bieten sich für eine Steigerung von Re an:

$$\begin{aligned} Re &\sim p \\ Re &\sim l \\ Re &\sim (\eta T^{1/2})^{-1} \sim (T^{\omega+0,5})^{-1} = T^{-1,4}, \end{aligned}$$

d.h. Erhöhung des Meßstreckendruckes p (sogenanntes Aufladen), Vergrößerung der Modellänge l (große Meßstrecke!), Absenkung der Meßstreckentemperatur T (Kryokanal). Interessant und technisch wichtig ist, daß auch die Leistungsaufnahme P zum Betrieb des Kanals temperaturabhängig ist. Mit den Ruhewerten (0) gilt

$$P \sim \varrho_0 a_0^3 A^* \sim p_0 \sqrt{T_0} A^*.$$

(M, Re)-Ähnlichkeit in der Gasdynamik

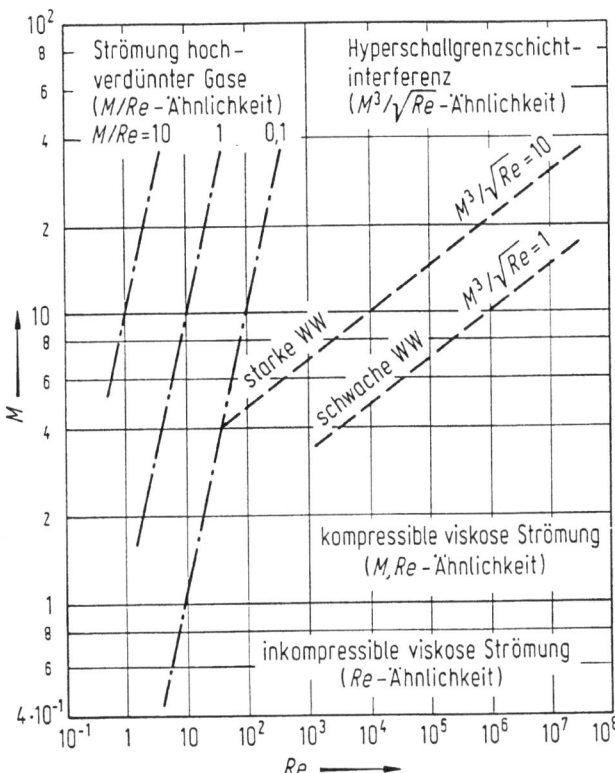

Bild 4.9. Abgrenzung der verschiedenen Strömungsbereiche in der M, Re-Ebene

Vergleichen wir zwei Extremfälle: $T_{0a} = 100$ K, $T_{0b} = 313$ K

$$\frac{P_a}{P_b} \simeq 0,6, \qquad \frac{Re_a}{Re_b} \simeq 5.$$

Die erforderliche Leistung reduziert sich auf 60%, während gleichzeitig die Reynoldszahl um den Faktor 5 steigt. Die Daten eines ausgeführten Kryokanals (NTF, National Transonic Facility der NASA in Langley) sowie des Europäischen Kanals (ETW) sind die folgenden [15]:

		ETW	NTF
Meßstreckenquerschnitt	m²	$2,4 \times 2,0$	$2,5 \times 2,5$
max. Reynolds-Zahl	10^6	50	120
Mach-Zahl		0,15 - 1,3	0,2 - 1,2
Druckbereich	bar	1,25 - 4,5	1,0 - 9,0
Temperaturbereich	K	90 - 313	80 - 350
Antriebsleistung	MW	50	93

4.5 Auftriebs- und Widerstandsbeiwerte aktueller Tragflügel

Wir beginnen mit einem Größenordnungsvergleich von Wellenwiderstand und Reibungswiderstand für das Rhombusprofil:

	τ	0,1	0,01
	M_∞		
c_W	$\sqrt{2}$	0,04	0,0004
c_W	1	0,088	0,0019

Re_∞	10^6	10^7	10^8
$c_{R,turb}$	0,008	0,006	0,004
$c_{R,lam}$	0,003	0,0008	

$c_R = 2c_F$ ist hierin der Reibungskoeffizient für die glatte, doppelt benetzte Platte aus (2.131) und (2.134). Nur beim extrem dünnen Profil überwiegt hier die (turbulente) Reibung den Druckwiderstand. Sonst ist der Wellenwiderstand erheblich größer als die Reibung.

Auftriebs- und Widerstandsbeiwerte aktueller Tragflügel 185

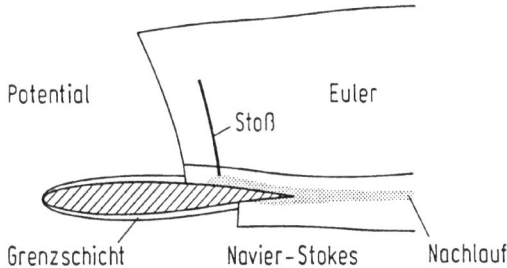

Bild 4.10. Transsonische Profilumströmung. Zonale Rechenverfahren mit entsprechenden Gleichungen

Bei schallnaher Unterschallanströmung, $M_\infty = (0,75\ldots 0,85)$, aktueller Profile (z.B. NACA 0012) sind die Dinge erheblich komplizierter. M_∞, Re_∞, Anstellung und Profilform bedingen wesentlich die Größenordnungen der einzelnen Widerstandsanteile. Man erkennt dies an der Struktur solcher Strömungsfelder (Bild 4.10). Zur Berechnung derselben verwendet man unterschiedliche Gleichungen, sog. *zonale Lösungsverfahren*. Außerhalb der Grenzschicht handelt es sich um eine transsonische Profilströmung mit Stoß (siehe Bild 4.10). Vor dem Stoß benutzt man die Potentialgleichung, dahinter die wirbelbehafteten Euler-Gleichungen. Hierfür liegen Rechenverfahren vor [16]. In der Grenzschicht kann man Standardverfahren benutzen [17], [18]. Die reibungsfreie kompressible Außenströmung muß an die Grenzschichtrechnung angeschlossen werden. Hierbei treten Sonderfälle auf, die eine lokale Betrachtung erforderlich machen, z.B. die Stoß-Grenzschichtinterferenz und die Hinterkantenströmung. Der das lokale Überschallgebiet berandende Stoß läuft in die Grenzschicht ein und kann mit seinem Druckanstieg zur Ablösung derselben führen. Im übrigen stellt er einen beträchtlichen Widerstandsbeitrag dar. Eine lokale Betrachtung in der Umgebung von Stoß und Kontur benutzt ein sog. Dreischichtenmodell (Bild 4.11). Hiermit ist es möglich, alle Strömungsgrößen im Feld zu ermitteln [19]. Das zugehörige Rechenverfahren wird als Unterprogramm im globalen Feld benutzt.

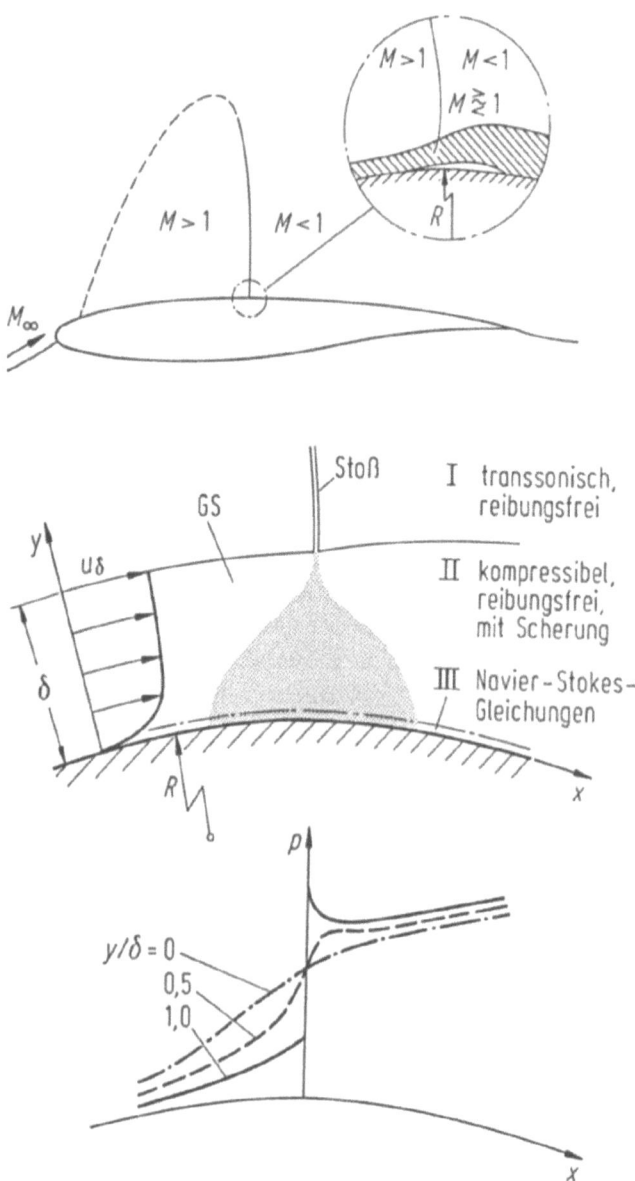

Bild 4.11. Zur Stoßgrenzschichtinterferenz am Flügel

Auftriebs- und Widerstandsbeiwerte aktueller Tragflügel   187

Zur generellen Beurteilung geben wir einige Rechenergebnisse. Bei der Angabe von c_W-Werten ist wohl zu unterscheiden zwischen (1.) dem Druckwiderstand bei Nullanstellung, (2.) dem Druckwiderstand bei Anstellung und (3.) dem Gesamtwiderstand bei Anstellung. Während im Fall (1) und (2) der Stoß den Hauptbeitrag liefert, kommt bei (3) der Reibungsanteil (Schubspannung und Nachlauf, c_R) hinzu.

Aus dieser Zusammenstellung läßt sich der Einfluß der Parameter α, M_∞ entnehmen. Bei fester Mach-Zahl ($M_\infty = 0,8$) kann eine Anstellwinkelvergrößerung ($\alpha = 0° \to 1,25°$) zu einem beträchtlichen Widerstandsanstieg führen ($c_W = 0,8 \cdot 10^{-2} \to 2,21 \cdot 10^{-2}$). Bei konstantem Anstellwinkel ($\alpha = 0°$) ergibt eine Steigerung der Mach-Zahl ($M_\infty = 0,8 \to 0,85$) ebenfalls einen starken Widerstandsanstieg ($c_W = 0,8 \cdot 10^{-2} \to 4,71 \cdot 10^{-2}$). Selbst eine Abnahme des Anstellwinkels ($\alpha = 2° \to 0°$) kann bei gleichzeitiger Steigerung der Mach-Zahl ($M_\infty = 0,75 \to 0,85$) noch zu einem erheblichen Widerstandsanstieg führen ($c_W = 1,82 \cdot 10^{-2} \to 4,71 \cdot 10^{-2}$). Es hängt also jeweils von den Parameterwerten ab, welcher Einfluß dominiert. [23] enthält einen kritischen Vergleich der wichtigsten bekannten reibungsfreien Rechenmethoden. Die verschiedenen Ergebnisse zeigen einen erheblichen Streubereich.

Beim Vergleich dieser Rechenergebnisse mit denen mit Reibung fällt unter anderem auf, daß z.B. der Wellenwiderstand bei $M_\infty = 0,8$ von $c_{Welle} = 0,8 \cdot 10^{-2}$ (reibungsfrei) auf $0,368 \cdot 10^{-2}$ (reibungsbehaftet) abnimmt. Dies liegt daran, daß im letzteren Fall durch die Grenzschicht die Druckverteilung am Körper stark geglättet wird. Es kommt allerdings der Reibungswiderstand hinzu, der diese Abnahme sogar überkompensiert.

Wellen- und Reibungswiderstand können bei aktuellen Daten also von gleicher und von erheblicher Größenordnung sein. Es lohnt sich daher, *beide* zu minimieren. Was den Stoß angeht, so kann man zu stoßfreien Profilen übergehen [28] oder durch eine sog. passive Beeinflussung ihn zumindest schwächen. Hierzu wird im Flügel in der Stoßumgebung eine Kavität angebracht, die durch ein Lochblech abgedeckt wird. Die Druckdifferenz über

Auftrieb und Widerstand des Profils NACA 0012 (stoßbehaftet, reibungsfrei)

M_∞	α [°]	c_A	$c_W \cdot 10^2$	Bearbeiter
0,75	2	0,5878	$\boxed{1,82}$	Jameson [20]
0,8	0		$\boxed{0,8}$	Lock [21]
			0,845	Dohrmann/Schnerr [22]
			1,0	Carlson [23]
			0,86	Jameson [24]
0,8	1,25	0,348	$\boxed{2,21}$	Schnerr/Dohrmann [25]
		0,3632	2,30	AGARD-AR-211 Sol 9 [26]
		0,321	1,99	Carlson [23]
		0,3513	2,3	Jameson [24]
0,85	0		$\boxed{4,71}$	Jameson [24]
			3,81	Carlson [23]
			4,0	Lock [23]
0,85	1	0,3584	5,80	AGARD-AR-211 Sol 9 [26]
		0,283	4,44	Carlson [23]
0,95	0		10,84	AGARD-AR-211 Sol 9 [26]
			9,58	Carlson [23]
1,2	0		9,6	AGARD-AR-211 Sol 9 [26]
1,2	7	0,5138	15,38	AGARD-AR-211 Sol 9 [26]

AGARD-Testfall 01. $M_\infty = 0,8$, $\alpha = 1,25°$, AGARD-Mittelwerte $c_A = 0,36$, $c_W = 2,325 \cdot 10^{-2}$ [26] (AGARD = Advisory Group Aeronautical Research and Development).

Widerstand des Profils NACA 0012 (reibungsbehaftet)
$\alpha = 0°$, $Re = 9 \cdot 10^6$ [27]

M_∞	$c_R \cdot 10^2$	$c_{Welle} \cdot 10^2$	$c_{W_{ges}} \cdot 10^2$
0,76	0,870	0,002	0,872
0,78	0,891	0,078	0,969
0,80	0,952	$\boxed{0,368}$	1,320
0,82	1,094	0,891	1,985
0,84	1,32	1,82	3,14

den Stoß gleicht sich durch die Kavität aus und reduziert damit die Stoßstärke.

Bild 4.12 [29] enthält c_A- und c_W-Werte eines 12% dicken Profils vor und nach einer stoßfreien Entwurfsrechnung. Zahlenbeispiel: $M_\infty = 0,75$, $Re_\infty = 4 \cdot 10^7$, $c_A = 0,60$, stoßbehaftet $c_{W\,ges} = 0,85 \cdot 10^{-2}$, stoßfrei $c_{W_{ges}} = 0,73 \cdot 10^{-2}$. Reduktion $\approx 15\%$.

Beim Reibungswiderstand wäre eine Laminarisierung bis zu sehr hohen Reynolds-Zahlen das Optimum. Bei $Re = 10^7$ würde dies den Schubspannungsanteil fast um eine Zehnerpotenz verringern. Beide Möglichkeiten zusammen führen zum Konzept des stoßfreien transsonischen Laminarflügels, dessen Realisierung eine wichtige Zukunftsaufgabe ist.

4.6 Grundsätzliches über reale Gaseffekte im Hyperschallflug, insbesondere beim Wiedereintritt

Hinter der anliegenden oder abgelösten Kopfwelle eines Flugkörpers kommt es bei hohen Geschwindigkeiten zu extremen Zuständen im Gas. Es treten Relaxationsvorgänge bei der Einstellung der Freiheitsgrade für Translation, Rotation und Schwingung sowie Dissoziations- und Ionisationsvorgänge auf, die das Strömfeld wesentlich beeinflußen. In Tabelle 4-1 ist eine Über-

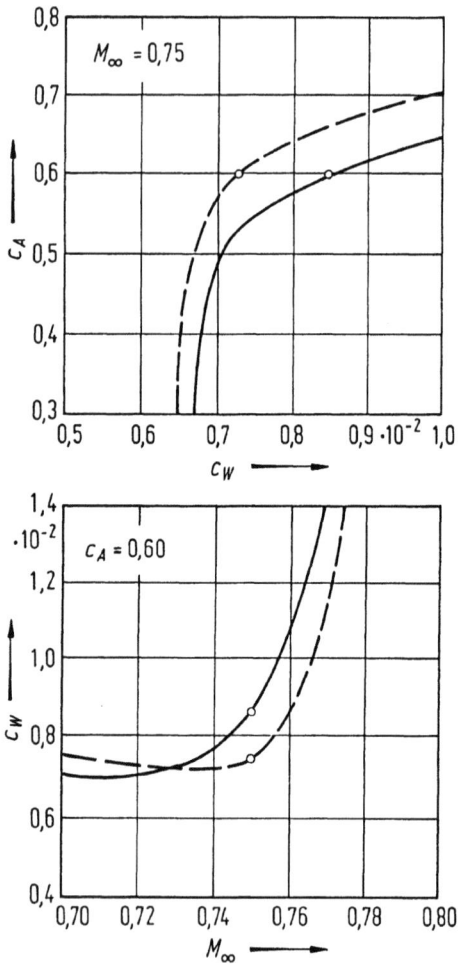

Bild 4.12. c_A, c_W vor (——) und nach (– – –) dem stoßfreien Entwurf. NACA-Profil 12 % Dicke, $Re_\infty = 4 \cdot 10^7$ [29]

sicht von Flugkörpern in Technik und Natur gegeben mit den jeweiligen Flugmachzahlen bzw. Geschwindigkeiten. M_∞ bedeutet hierin meistens die sogenannte molekulare Machzahl $= u_\infty/a'_\infty$

Grundsätzliches über reale Gaseffekte

Tabelle 4-1. Flugkörper und Flugmachzahlen.

Flugkörper	M_∞
Ballistik, klass. Geschoß	3 - 5
Erste Raketenstufe	5
Hyperschallflugzeug SST	4 - 5
Erdsatellit, H = 100 km	25 ($v \sim$ 8 km/s, Wiedereintritt)
Weltraumtransporter	35 und mehr ($v \gtrsim$ 11.5 km/s)
Meteor	100 ($v \gtrsim$ 30 km/s)

mit a'_∞ = mittlere Molekülgeschwindigkeit. Bild 4.13 gibt eine Skizze der drei Generationen von Raumfluggeräten. Bei der Apollo-Kapsel traten bei Wiedereintritt ($M_\infty = 36$, $V \sim 12$ km/s) Spitzenwerte der Temperatur von ~ 11.000 K auf, was zur Ablation, teilweise auch zur Ionisation (Störung des Funkverkehrs!) führte. Das Space-Shuttle (ebenso Buran und Hermes) wird beim Wiedereintritt auf dem Weg von $H \sim 120$ km bis 0 von $M_\infty \sim 25$ bis 0 verzögert. Dies erfolgt teilweise bei hohem Anstellwinkel $\alpha = 30° - 40°$.
Anhand von Bild 4.14 wird die Wiedereintrittstrajektorie des Space-Shuttle ausführlich diskutiert. Beim Raumtransporter (SST = Supersonic Transportation, erste Stufe von Sänger und Hotol = horizontal take-off and landing), der eine Weiterentwicklung der Concorde darstellt, sind Aerodynamik und Antrieb integriert [31].
Die Einschußgeschwindigkeit des Satelliten in den Orbit (= Anfangsgeschwindigkeit beim Wiedereintritt) ist ~ 8 km/s, was einer Machzahl ~ 25 in 120 km Höhe entspricht. Beim tangentialen Eintritt in die Kreisbahn muß die Zentrifugalkraft gleich der Erdanziehung sein

$$\frac{v^2}{R} = g.$$

Bei einer Flughöhe $H \simeq 130$ km ist $R \simeq 6500$ km und

192 Gleichzeitiger Viskositäts- und Kompressibilitätseinfluß

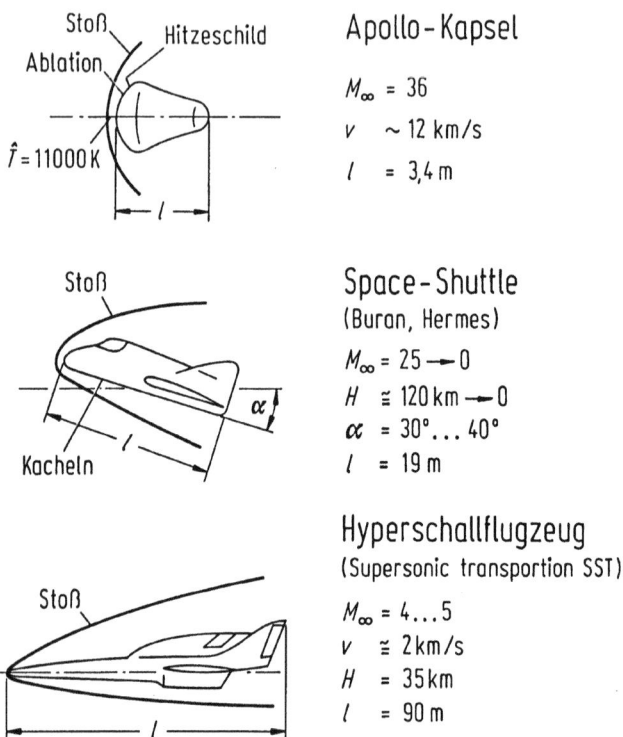

Apollo-Kapsel

$M_\infty = 36$
$v \sim 12$ km/s
$l = 3{,}4$ m

Space-Shuttle
(Buran, Hermes)

$M_\infty = 25 \to 0$
$H \cong 120$ km $\to 0$
$\alpha = 30° \ldots 40°$
$l = 19$ m

Hyperschallflugzeug
(Supersonic transportion SST)

$M_\infty = 4 \ldots 5$
$v \cong 2$ km/s
$H = 35$ km
$l = 90$ m

Bild 4.13. Konfigurationen von Raumflugkörpern

$g \simeq 10$ m/s². Dies führt zu $v \simeq 8$ km/s.
Bild 4.14 enthält in einem Höhen-Geschwindigkeitsdiagramm die Space-Shuttle Wiedereintrittstrajektorie [30]. Es handelt sich um einen relativ engen Korridor, der von $M \sim 25$ in $H \sim 120$ km bis zur vollständigen Abbremsung am Boden führt. Eingetragen sind weiterhin die Isothermen für reales Gas hinter einem senkrechten Stoß in der entsprechenden Höhe sowie die Bereichsgrenzen für Schwingungsanregung, O_2 und N_2-Dissoziation und Ionisation. Am rechten Rand ist die zugehörige Knudsenzahl angegeben. Dies ermöglicht die Zuordnung zu den beschreiben-

Grundsätzliches über reale Gaseffekte

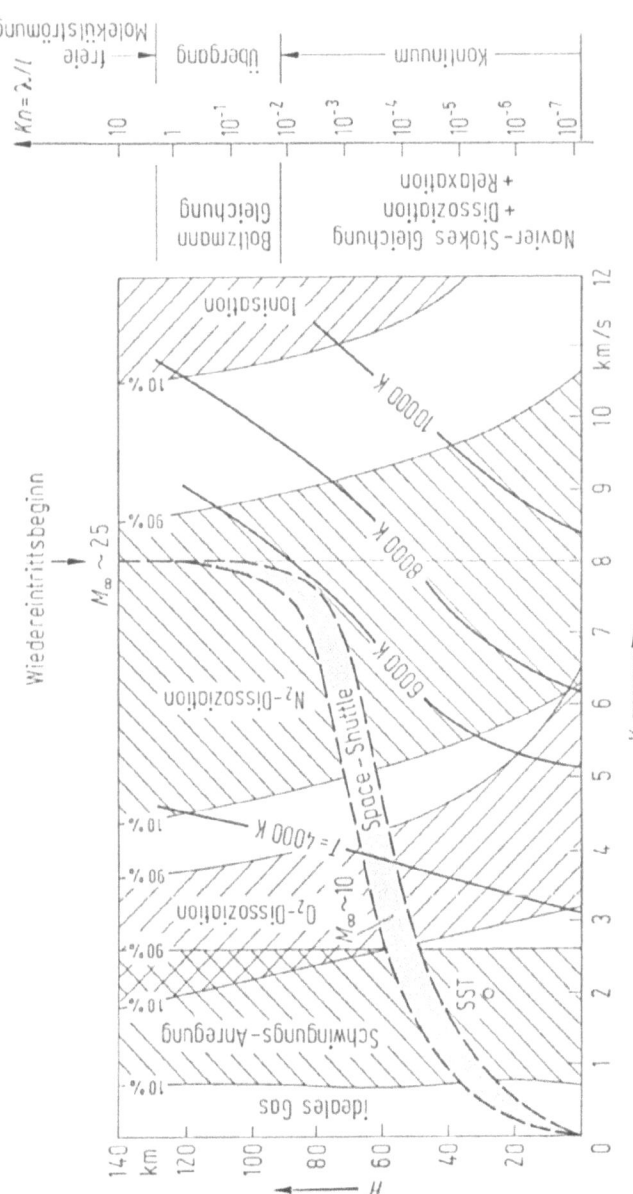

Bild 4.14. Wiedereintrittstrajektorie des Space-Shuttle

den Grundgleichungen der Strömungsmechanik. Der enge Korridor der Space-Shuttle Trajektorie besitzt eine untere Begrenzung durch die thermische Erwärmung, eine obere Begrenzung ist durch den Auftrieb bei der geringen Dichte gegeben. Eingetragen ist ein charakteristischer Wert für den SST ($V \sim 2$ km/s, $H \sim 35$ km). Man befindet sich im Bereich der Schwingungsanregung, die Temperaturspitzen sind $T < 1200$ K. Beim Space-Shuttle gilt z.B. $M \sim 10$, $V \sim 3$ km/s, $T \sim 4000$ K, was bereits zur O_2-Dissoziation führt.

Außer den klassischen Erhaltungssätzen der Strömungsmechanik sind jetzt Aussagen über die zu erwartenden Nichtgleichgewichtsvorgänge sowie über zusätzliche Randbedingungen zu machen. Was die letzteren betrifft, so handelt es sich zunächst um die Gasoberflächenwechselwirkung. Bei hochverdünnten Gasen kommt es im Rahmen der Wechselwirkung der Strömungsgrenzschicht (Dicke $\sim \delta$) und der sogenannten Knudsenschicht (Dicke $\sim \lambda =$ mittlere freie Weglänge) zu einem Gleiten an der Wand, das von starkem Einfluß auf den Widerstand und den Wärmeübergang sein kann. Hinzu kommen sogenannte katalytische Einflüsse der umströmten Wand, die reaktionsfördernd oder -verzögernd sein können.

Die Realgaseffekte beschreiben wir an Hand der Relaxationsvorgänge eines zweiatomigen Gases (z.B. O_2) im senkrechten Verdichtungsstoß. Das Hantelmodell (Abstand der O-Atome $\sim 10^{-10}$ m) hat drei Translationsfreiheitsgrade - entsprechend den drei Achsrichtungen - , zwei Rotationsfreiheitsgrade -entsprechend den zwei wesentlichen Rotationsachsen - und zwei Schwingungsfreiheitsgrade (harmonischer Oszillator). Die Einstellung des neuen Gleichgewichtes nach der Anregung im Stoß braucht Zeit (= Relaxationszeit). Die Zahl der hierzu erforderlichen Partikelstöße ist ein Maß dafür. Die Translation braucht nur etwa einen Stoß, die Rotation ≤ 10 Stöße, die Schwingungsanregung benötigt zwischen 100 und 1000 Stöße (Bild 4.15). Bei stärkerer Anregung bleibt das O_2-Molekül als solches nicht mehr erhalten. Gemäß $O_2 \rightleftharpoons 2O$ kommt es zu Dissoziations- und Rekombinationsvorgängen. Diese Prozesse beginnen bei 3000 - 4000 K.

Grundsätzliches über reale Gaseffekte

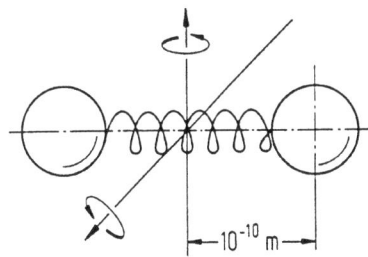

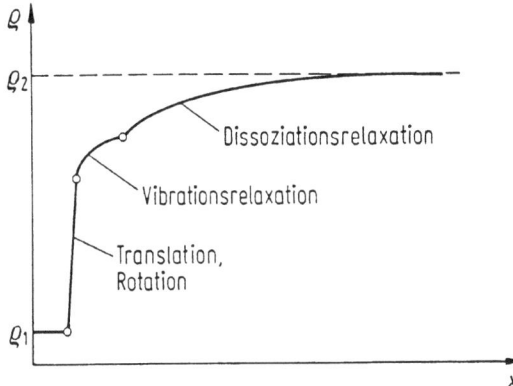

Bild 4.15. Hantelmodell des O_2-Moleküls und Dichteverlauf bei Relaxation

Da Translation und Rotation schnell relaxieren, beschäftigen wir uns mit der Schwingungsrelaxation eines zweiatomigen Gases. Es kommt mit der Quantentheorie für den harmonischen Oszillator

$$\frac{1}{R}\left(\frac{\partial i}{\partial T}\right)_p = \frac{(c_p)_{\text{vib}}}{R} = \frac{7}{2} + \frac{\left(\dfrac{\Theta_v}{2T}\right)^2}{\left[\sinh\left(\dfrac{\Theta_v}{2T}\right)\right]^2}.$$

Hierin ist Θ_v eine charakteristische Vibrationsanregungstemperatur $= \dfrac{\hbar\omega_0}{k} = \dfrac{h}{2\pi}\dfrac{\omega_0}{k} = \dfrac{h\nu_0}{k}$. In Abweichung zu den sonst benutzten Bezeichnungen ist hier die Enthalpie mit i und das Plancksche Wirkungsquantum mit h bezeichnet.

h = Plancksches Wirkungsquantum = $6,626\ldots \cdot 10^{-34}$ Js,
k = Boltzmann Konstante = $1,38\ldots \cdot 10^{-23}$ JK^{-1},
$\nu_0 = \dfrac{\omega_0}{2\pi}$ = Frequenz der betrachteten Schwingung ($\cong 5 \cdot 10^{13}$ Hz).
Dies gibt

$$\Theta_v = \begin{cases} 2230 \text{ K} & \text{für } O_2 \\ 3340 \text{ K} & \text{für } N_2. \end{cases} \quad (4.15)$$

Ist $T \ll \Theta_v$, so ist die Vibration nicht angeregt, und es gilt $c_p/R \to \frac{7}{2}$, dem entsprechen 5 Freiheitsgrade (= 3 Translation + 2 Rotation). Ist dagegen $T \gg \Theta_v$, so ist die Vibration voll angeregt, und es wird $c_p/R \to \frac{9}{2}$, was 7 Freiheitsgraden entspricht (= 3 Translation + 2 Rotation + 2 Vibration). Die obige allgemeine Formel beschreibt als kalorische Zustandsgleichung den vollständigen Vibrationsrelaxationsvorgang.

Nehmen wir noch die Dissoziation hinzu, so erweitert sich die Zahl der Variablen um den Dissoziationsgrad α (= Massenbruch der gebildeten O-Atome zu den noch vorhandenen O_2- Molekülen), für den eine Relaxationsgleichung benutzt wird. Ein besonders einfaches Modell ist das Lighthill-Gas [33], ein ideal dissoziierendes Gas, bei dem allein die Dissoziationsrelaxation betrachtet wird.

Für den senkrechten Stoß gelten nach wie vor die Erhaltungssätze für Masse, Impuls und Energie (3.6, 3.7, 3.9). Hinzu kommen eine thermische und eine kalorische Zustandsgleichung und gegebenenfalls eine Relaxationsgleichung. Da die mechanischen Stoßgleichungen (3.6, 3.7) nicht geändert werden, bleibt auch die Rayleigh-Gerade (Bild 4.16) erhalten - man spricht von Rayleigh-Prozessen. Allein die Hugoniot-Kurve, die mit der Rayleigh-Geraden zum Schnitt gebracht werden muß, ändert sich [34] (Bild 4.16). Man unterscheidet die sogenannte gefrorene Hugoniot-Kurve (f), bei der die Moleküle noch nicht dissoziieren, von der Gleichgewichts-Hugoniot-Kurve (e), die den Dissoziationsvorgang beschreibt.

Grundsätzliches über reale Gaseffekte

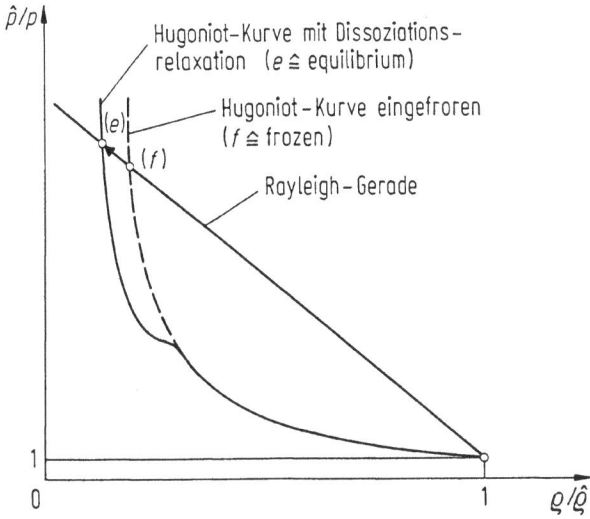

Bild 4.16. Hugoniot-Kurve und Rayleigh-Gerade

Der numerische Aufwand zur Berücksichtigung dieser realen Gaseffekte in aktuellen Hyperschallstromfeldern ist derzeit selbst bei Benutzung der leistungsfähigsten Computer beträchtlich. Der Einfluß der Effekte ist jedoch gravierend, wie die obigen grundsätzlichen Betrachtungen zeigen. In der neueren Literatur [30] finden sich viele einschlägige überzeugende Beispiele.

Bezeichnungen

a	spezifische (massenbezogene) Arbeitsleistung, Abstand, Schallgeschwindigkeit
a_0	Ruheschallgeschwindigkeit
a^*	kritische Schallgeschwindigkeit
$\boldsymbol{a}$	Beschleunigungsvektor
b	Breite
c	Absolutgeschwindigkeit
c_1, c_2	Konstanten
c_f	lokaler Reibungswert
c_p	spezifische Wärme bei konstantem Druck
c_u	Geschwindigkeitskomponente in Umfangsrichtung
c_v	spezifische Wärme bei konstantem Volumen
c_A	Auftriebsbeiwert
c_B	Betz-Zahl
c_F	Reibungswert der einseitig benetzten Platte
c_M	Momentenbeiwert
c_R	Reibungsbeiwert
c_W	Widerstandsbeiwert
d	Durchmesser
d_h	hydraulischer Durchmesser
e	spezifische innere Energie
f	Teilcheneigenschaft, Funktion, Wölbung, spezifische Massenkraft (Kraftdichte)
$\boldsymbol{f}$	spezifische Massenkraft (Vektor)
g	Fallbeschleunigung, Funktion
h	Höhe, Breite, spezifische Enthalpie
k	Temperaturleitzahl, Rauhigkeit, Faktor, Funktion
k_S	Sandkornrauhigkeit
l	Länge
m	Masse
$\dot{m}$	Massenstrom
$\dot{m}_T$	Massenstrom durch Turbine
n	Drehzahl, Exponent
$\boldsymbol{n}$	Normalenvektor
p	Druck
p_0	Bezugsdruck, Druck im Staupunkt, Ruhedruck

Bezeichnungen

p_∞	Druck in der Anströmung
p_a	Außendruck
p_{dyn}	dynamischer Druck
p_{ges}	Gesamtdruck
p_{stat}	statischer Druck
Δp	Druckdifferenz
Δp_v	Druckverlust
q	Profilklasse
$\boldsymbol{q}$	Wärmestromvektor
r	Krümmungsradius, Recovery-Faktor
$\boldsymbol{r}$	Ortsvektor
s	Stromfadenkoordinate, spezifische Entropie
t	Zeit
Δt	Auffüllzeit
u	Geschwindigkeitskomponente in x-Richtung Umfangsgeschwindigkeit
u_δ	Geschwindigkeit am Grenzschichtrand
u_τ	Wandschubspannungsgeschwindigkeit
v	Geschwindigkeitskomponente in y-Richtung
w	Geschwindigkeitskomponente in z-Richtung, Betrag des Geschwindigkeitsvektors
$\boldsymbol{w}$	Geschwindigkeitsvektor
x	Koordinate
x_0	Auslenkung
x_S	Stoßlage, Scheitel
y	Koordinate
y^+	normierter Wandabstand
z	Koordinate
A	Fläche, Querschnitt, Konstante, Ablösepunkt
A_S	Strahlfläche
A^*	kritischer Querschnitt, engster Querschnitt
B	Konstante, Fußpunkt der Grenz-Machlinie
C	geschlossene Kurve
C_p	Druckkoeffizient
D	Durchmesser
E	Energie
Ec	Eckert-Zahl
Eu	Euler-Zahl
F	Funktion

Fo	Fourier-Zahl
Fr	Froude-Zahl
F_A	Auftriebskraft
F_D	Druckkraft
F_G	Schwerkraft
F_H	Haltekraft
F_I	Impulskraft
F_K	Kraft auf Körper
F_W	Widerstandkraft
H	Höhe, Dicke, Länge
I	Impuls
K	Tsien-Parameter
Kn	Knudsen-Zahl
L	Länge
M	Mach-Zahl, Drehmoment, molare Masse (Molmasse)
M_S	Stoß-Machzahl
M_T	Turbinendrehmoment
P	Leistung (Energiestromstärke)
Pe	Péclet-Zahl
Q	Quell- bzw. Senkenstärke
R	Radius, Krümmungsradius, universelle Gaskonstante
Ra	Rayleigh-Zahl
Re	Reynolds-Zahl
R_i	individuelle (spezielle) Gaskonstante
S	Staupunkt, Schubkraft
Sr	Strouhal-Zahl
T	Temperatur (absolute)
Ta	Taylor-Zahl
Tu	Turbulenzgrad
U	Umfang, ausgezeichnete Geschwindigkeit
V	Volumen
$\dot{V}$	Volumenstrom
W	ausgezeichnete Geschwindigkeit, Wendepunkt
α	Durchflußzahl, Öffnungswinkel, Machscher Winkel
Γ	Formparameter
Γ	Zirkulation
δ	Grenzschichtdicke
δ_1	Verdrängungsdicke

Bezeichnungen

δ_2	Impulsverlustdicke
ε	Anstellwinkel
ζ	Druckverlustzahl
η	dynamische Viskosität, Charakteristik
ϑ	Strömungswinkel
θ	Stoßwinkel, Stoßlage
Θ	Temperatur
κ	Mischungswegkonstante, Verhältnis der spezifischen Wärmen
λ	Wärmeleitfähigkeit, Rohrreibungszahl
Λ	Pohlhausenparameter
μ	Kontraktionszahl
ν	kinematische Viskosität
ξ	Charakteristik
ρ	Dichte
σ	normierte Spaltweite
τ	Schubspannung, Dickenparameter
τ_w	Wandschubspannung
φ	Winkel, Koordinate, Störpotential für Dickeneffekt
$\overline{\varphi}$	Störpotential für Anstellungseffekt
φ_{max}	Grenzwinkel
Φ	Geschwindigkeitspotential
Φ_v	Dissipation
χ	schallnaher Ähnlichkeitsparameter, komplexes Geschwindigkeitspotential $\chi = \Phi + \Psi$
Ψ	Stromfunktion
ω	Winkelgeschwindigkeit, Exponent

Indizes

∞	Anströmung
0	Staupunkt, Ruhezustand, Auslenkung
a	Außen(druck)
A	Auftrieb, Kräfte auf Fläche A
dyn	dynamisch
ges	gesamt

m	volumetrisch gemittelt
max	maximal
n	Normalenrichtung
s	Scheitel
stat	statisch
S	Stoß, Strahl
t	Tangentialrichtung
T	Turbine
v	Volumen, Verlust
w	Wand
W	Widerstand
δ	Grenzschichtrand

Sonstige Zeichen

—	zeitliche Mittelung
'	Schwankungsgröße, Unterschied
*	kritische Werte, Krümmung, lokale
ˆ	Werte nach Stoß
A	vektorielle Größe
| |	Betrag
grad	Gradient
rot	Rotation
div	Divergenz
$\frac{d}{dt}$	totale Zeitableitung
$\frac{\partial}{\partial t}$	partielle Zeitableitung
Δ	Laplace-Operator
erf	Fehlerfunktion

Literatur

Allgemeine Literatur zu Kapitel 1

Becker, E.: Technische Thermodynamik. Stuttgart: Teubner 1985
Becker, E.; Bürger, W.: Kontinuumsmechanik. Stuttgart: Teubner 1975
Prandtl, L.; Oswatitsch, K.; Wieghardt, K.: Führer durch die Strömungslehre. 9. Aufl. Braunschweig: Vieweg 1990
Truckenbrodt, E.: Fluidmechanik, Bd. 1, 2. Berlin: Springer 1980
Zierep, J.: Grundzüge der Strömungslehre. 4. Aufl. Karlsruhe: Braun 1990

Spezielle Literatur zu Kapitel 1

[1] Truckenbrodt, E.: Fluidmechanik. 2 Bände. Berlin: Springer 1980

[2] Schmidt, E.: Thermodynamik. 10. Aufl. Berlin: Springer 1963

[3] D'Ans; Lax: Taschenbuch für Chemiker und Physiker, Bd. 1: Makroskopische physikalisch-chemische Eigenschaften. Hrsg.: Lax, E.; Synowietz, C. 3. Aufl. Berlin: Springer 1967

[4] Landolt-Börnstein: Zahlenwerte und Funktionen aus Physik, Chemie, Astronomie, Geophysik und Technik. 4 Bände in 20 Teilen. 6. Aufl. Berlin: Springer 1950-1980

[5] Prandtl, L.; Oswatitsch, K.; Wieghardt, K.: Führer durch die Strömungslehre. 9. Aufl. Braunschweig: Vieweg 1990

[6] Böhme, G.: Strömungsmechanik nicht-newtonscher Fluide, Stuttgart: Teubner 1981

[7] Bird, R.B.; Armstrong, R.G.; Hassager, O.: Dynamics of polymeric liquids. New York: Wiley 1977

[8] DIN 1342 Teil 1: Viskosität; Rheologische Begriffe (Okt. 1983); DIN 1342 Teil 2: Newtonsche Flüssigkeiten (Feb. 1980)

[9] Zierep, J.:Grundzüge der Strömungslehre. 4. Aufl. Karlsruhe: Braun 1990

Allgemeine Literatur zu Kapitel 2

Becker, E.: Technische Strömungslehre. 5. Aufl. Stuttgart: Teubner 1982

Becker, E.; Piltz, E.: Übungen zur technischen Strömungslehre. Stuttgart: Teubner 1978

Eppler, R.: Strömungsmechanik. Wiesbaden: Akad. Verlagsges. 1975

Gersten, K.: Einführung in die Strömungsmechanik. 4. Aufl. Braunschweig: Vieweg 1986

Prandtl, L.; Oswatitsch, K.; Wieghardt, K.: Führer durch die Strömungslehre. 9. Aufl. Braunschweig: Vieweg 1990

Schlichting, H.: Grenzschicht-Theorie. 8. Aufl. Karlsruhe: Braun 1982

Truckenbrodt, E.: Fluidmechanik, Bd. 1,2. Berlin: Springer 1980

White, F.M.: Fluid mechanics. 2nd ed. New York: McGraw-Hill 1986

Wieghardt, K.: Theoretische Strömungslehre. Stuttgart: Teubner 1965

Zierep, J.: Grundzüge der Strömungslehre. 4. Aufl. Karlsruhe: Braun 1990

Spezielle Literatur zu Kapitel 2

[1] Zierep, J.:Grundzüge der Strömungslehre. 4. Aufl. Karlsruhe: Braun 1990

[2] White, F.M.: Fluid mechanics. 2nd ed. New York: McGraw-Hill 1986

[3] DIN 1952: Durchflußmessung mit Blenden, Düsen und Venturirohren in voll durchströmten Rohren mit Kreisquerschnitt (Juli 1982)

[4] Prandtl, L.; Oswatitsch, K.; Wieghardt, K.: Führer durch die Strömungslehre. 9. Aufl. Braunschweig: Vieweg 1990

[5] Schneider, W.: Mathematische Methoden der Strömungsmechanik. Braunschweig: Vieweg 1978

[6] Keune, F.; Burg, K.: Singularitätenverfahren der Strömungslehre. Karlsruhe: Braun 1975

[7] Prandtl, L.; Betz, A.: Ergebnisse der Aerodynamischen Versuchsanstalt zu Göttingen; I.- IV. Lieferung. München: Oldenburg 1921; 1923; 1927; 1932

[8] Kutta, W.: Auftriebskräfte in strömenden Flüssigkeiten. Illustr. Aeron. Mitt. 6 (1902) 133 - 135

[9] Joukowski, N.E.: Über die Konturen der Tragflächen der Drachenflieger. Z. Flugtech. Motorluftsch. 1 (1910) 281 - 284

[10] Tani, J.: The Wing Section Theory of Kutta and Joukowski. In: Recent Developments in Theoretical and Experimental Fluid Mechanics. Berlin Heidelberg New York: Springer 1979, 511 - 516

[11] Milne-Thomson, L.M.: Theoretical hydrodynamics. 5th ed. London: Macmillan 1968

[12] Bird, R.B.; Stewart, W.E.; Lightfoot, E.N.: Transport phenomena. New York: Wiley 1960

[13] Merker, G.P.: Konvektive Wärmeübertragung. Berlin: Springer 1987

[14] Zierep, J.: Ähnlichkeitsgesetze und Modellregeln der Strömungslehre. 3. Aufl. Karlsruhe: Braun 1991

[15] Schlichting, H.: Grenzschicht-Theorie. 8. Aufl. Karlsruhe: Braun 1982

[16] Bühler, K.; Zierep, J.: Instationäre Plattenströmung mit Absaugen und Ausblasen. ZAMM 70 (1990) 111 - 112

[17] Bühler, K.: Das Zeitverhalten der Druckverteilung beim Zerfließen des Potentialwirbels. ZAMM 68 (1988) 580 - 581

[18] Zierep, J.: Special solutions of the Navier-Stokes equations in the case of spherical symmetry. Rev. Roum. Math., TOME XXVII, 3 (1982) 423 - 428

[19] Rybczynski, W.: Über die fortschreitende Bewegung einer flüssigen Kugel in einem zähen Medium. Bull. Int. Acad. Sci. Cracovie, Ser. A (1911) 40 - 46

[20] Zierep, J.: Instabilitäten in Strömungen zäher, wärmeleitender Medien. Z. Flugwiss. Weltraumforsch. 2 (1978) 143 - 150

[21] Bühler, K.; Kirchartz K.R.; Wimmer, M.: Strömungsmechanische Instabilitäten. Strömungsmechanik und Strömungsmaschinen 40 (1989) 99 - 126

[22] Koschmieder, E.L.: Bénard convection. Advances Chem. Phys. 26 (1974) 177 - 211

[23] Zierep, J.: Elementare Betrachtungen über Görtler-Wirbel. ZAMM 61 (1981) T199 - T202

[24] Zierep, J.; Oertel, H.jr.: Convective Transport and Instability Phenomena. Karlsruhe: Braun 1982

[25] Oswatitsch, K.: Physikalische Grundlagen der Strömungslehre. In: Handbuch d. Physik, Bd. VIII/1. Berlin: Springer 1959, 1 - 124

[26] Rodi, W.: Turbulence models and their application in hydraulics. 2nd ed. Delft: Intern. Ass. for Hydraulic Research 1984

[27] Schneider, W.: On Reynolds stress transport in turbulent Couette flow. Z. Flugwiss. Weltraumforschung 13 (1989) 315 - 319

[28] Walz, A.: Strömungs- und Temperaturgrenzschichten. Karlsruhe: Braun 1966

[29] Geropp, D.: Näherungstheorie für kompressible, laminare Grenzschichten mit zwei Formparametern für das Geschwindigkeitsprofil. Diss. TH Karlsruhe 1963, DVL-Bericht Nr. 288

[30] Felsch, K.O.: Beiträge zur Berechnung turbulenter Grenzschichten in zweidimensionaler Strömung. Diss. TH Karlsruhe 1965, DVL-Bericht Nr. 513 (1966)

Literatur

[31] Truckenbrodt, E.: Ein Quadraturverfahren zur Berechnung der laminaren und turbulenten Reibungsschicht bei ebener und rotationssymmetrischer Strömung. Ing. Arch. 20 (1952) 211 - 229

[32] Gersten, K.: Die Bedeutung der Prandtlschen Grenzschichttheorie nach 85 Jahren. Z. Flugwiss. Weltraumforsch. 13 (1989) 209 - 218

[33] Truckenbrodt, E.: Mechanik der Fluide. In: Physikhütte, Bd. 1. 29. Aufl. Berlin: Ernst 1971, 346 - 464

[34] Müller, W.: Einführung in die Theorie der zähen Flüssigkeiten. Leipzig: Geest & Portig 1932

[35] Nikuradse, J.: Untersuchungen über turbulente Strömungen in nicht-kreisförmigen Rohren. Ing.-Archiv 1 (1930) 306 - 332

[36] Shah, R.K.; London, A.L.: Laminar flow forced convection in ducts. A Source Book for Compact Heat Exchanger Analytical Data. Supplement 1, Advances in Heat Transfer, Ed. by Thomas F. Irvine jr.; James P. Hartnett, New York: Academic Press 1978

[37] Truckenbrodt, E.: Fluidmechanik. Bd.1, 2. Berlin: Springer 1980

[38] Betz, A.: IV. Mechanik unelastischer Flüssigkeiten. V. Mechanik elastischer Flüssigkeiten. In: Hütte I. 28. Aufl. Berlin: Ernst 1955, 764 - 834

[39] Sprenger, H.: Experimentelle Untersuchungen an geraden und gekrümmten Diffusoren. (Mitt. Inst. Aerodyn. ETH. 27). Zürich: Leemann 1959

[40] Herning, F.: Stoffströme in Rohrleitungen. Düsseldorf: VDI-Verlag 1966

[41] Sprenger, H.: Druckverluste in 90°-Krümmern für Rechteckrohre. Schweizerische Bauzg. 87, (1969), 13, 223 - 231

[42] Jung, R.: Die Bemessung der Drosselorgane für Durchflußregelung. BWK 8 (1956) 580 - 583

[43] Richter, H.: Rohrhydraulik. Berlin: Springer 1971

[44] Eck, B.: Technische Strömungslehre. Band 1: Grundlagen; Band 2: Anwendungen. 9. Aufl. Berlin: Springer 1988

[45] Geropp, D.; Leder, A.: Turbulent separated flow structures behind bodies with various shapes. In: Papers presented at the Int. Con. on Laser Anemometry. Manchester, 16. - 18. Dec. 1985, Cranfield, England: Fluid Engineering Centre 1985, 219 - 231

[46] Schewe, G.: Untersuchung der aerodynamischen Kräfte, die auf stumpfe Profile bei großen Reynolds-Zahlen wirken. DFVLR - Mitt. 84 - 19 (1984)

[47] Hoerner, S.F.: Fluid-dynamic drag. 2nd ed. Brick Town, N.J.: Selbstverlag 1965

[48] Lamb, H.: Lehrbuch der Hydrodynamik. 2. Aufl. Leipzig: Teubner 1931

[49] Schewe, G.: On the force fluctuations acting on a circular cylinder in crossflow from supercritical up to transcritical Reynolds number. J. Fluid Mech. 133 (1983) 265 - 285

[50] Abraham, F.F.: Functional dependence of drag coefficient of a sphere on Reynolds number. Phys. of Fluids 13 (1970) 2194 - 2195

[51] Dryden, H.L.; Murnaghan, F.D.; Bateman, H.: Hydrodynamics. New York: Dover 1956

[52] Rouse, H.: Elementary mechanics of fluids. New York: Wiley 1946

[53] Achenbach, E.: Experiments on the flow past spheres at very high Reynolds numbers. J. Fluid Mech. 54 (1972) 565 - 575

[54] Fuhrmann, G.: Widerstands- und Druckmessungen an Ballonmodellen. Z. Flugtechn. und Motorluftschiffahrt 2 (1911) 165 - 166

[55] Koenig, K.; Roshko, A.: An experimental study of geometrical effects on the drag and flow field of two bluff bodies separated by a gap. J. Fluid Mech. 156 (1985) 167 - 204

[56] DIN 1055 Teil 4: Lastannahmen für Bauten; Verkehrslasten, Windlasten nicht schwingungsfähiger Bauwerke (April 1986)

[57] Sockel, H.: Aerodynamik der Bauwerke. Braunschweig: Vieweg 1984

[58] Frank, W.; Mauch, H.: Aktuelle Probleme der Bauwerksaerodynamik. Strömungsmechanik und Strömungsmaschinen 40 (1989) 81 - 97

[59] Ludwieg, H.: Widerstandsreduzierung bei kraftfahrzeugähnlichen Körpern. In: Vortex Motions. Hornung, H.G.; Müller, E.A. (Eds.) Braunschweig: Vieweg 1982, 68 - 81

[60] Sawatzki, O.: Reibungsmomente rotierender Ellipsoide. In: (Strömungsmechanik und Strömungsmaschinen, 2). Karlsruhe: Braun (1965), 36 - 60

[61] Schultz-Grunow, F.: Der Reibungswiderstand rotierender Scheiben in Gehäusen. ZAMM 15 (1935) 191 - 204

[62] Geropp, D.: Der turbulente Wärmeübergang am rotierenden Zylinder. Ing. Archiv 37, (1969) 195 - 203

[63] Taylor, G.I.: Stability of a viscous liquid contained between two rotating cylinders. Phil. Trans. Roy. Soc. A 223 (1923) 289 - 343

[64] Taylor, G.I.: Fluid friction between rotating cylinders. Proc. Roy. Soc. A 157 (1936) 546 - 578

[65] Sawatzki, O.: Das Strömungsfeld um eine rotierende Kugel. Acta Mechanica 9 (1970) 159 - 214

[66] Wimmer, M.: Experimentelle Untersuchungen der Strömung im Spalt zwischen zwei konzentrischen Kugeln, die beide um einen gemeinsamen Durchmesser rotieren. Diss. Univ. Karlsruhe 1974

[67] Bühler, K.: Strömungsmechanische Instabilitäten zäher Medien im Kugelspalt. (Fortschrittber. VDI, Reihe 7, Nr.96). Düsseldorf: VDI-Verlag 1985

Allgemeine Literatur zu Kapitel 3

Becker, E.: Gasdynamik. Stuttgart: Teubner 1965
Ganzer, U.: Gasdynamik. Berlin: Springer 1988
Oswatitsch, K.: Grundlagen der Gasdynamik. Wien: Springer 1976
Oswatitsch, K.: Spezialgebiete der Gasdynamik. Wien: Springer 1977
Zierep, J.: Theoretische Gasdynamik. 3. Aufl. Karlsruhe: Braun 1976

Spezielle Literatur zu Kapitel 3

[1] Rankine, W.J.: On the thermodynamic theory of waves of finite longitudinal disturbance. Phil. Trans. Roy. Soc. London 160 (1870) 277 - 288

[2] Hugoniot, H.: Mémoire sur la propagation du mouvement dans les corps et spécialement dans les gases parfaits. J. Ecole polytech., Cahier 57 (1887) 1 - 97; Cahier 58 (1889) 1 - 125

[3] Eichelberg, G.: Zustandsänderungen idealer Gase mit endlicher Geschwindigkeit. Forsch. Ing.-Wes. 5 (1934) 127 - 129

[4] Kármán, Th. v.: The problem of resistance in compressible Fluids. Volta Kongr. (1936), 222 - 283

[5] Lord Rayleigh, J.W.S.: Aerial plane waves of finite amplitude. Proc. Roy. Soc. London A 84 (1911) 247 - 284

[6] Zierep, J.:Grundzüge der Strömungslehre. 4. Aufl. Karlsruhe: Braun 1990

[7] Oswatitsch, K.: Der Druckwiderstand bei Geschossen mit Rückstoßantrieb bei hohen Überschallgeschwindigkeiten. Forsch. Entw. d. Heereswaffenamtes 1005 (1944); NACA TM 1140 (engl.)

Literatur

[8] Busemann, A.: Vorträge aus dem Gebiet der Aerodynamik (Aachen 1929). (Hrsg.: Gilles, A.; Hopf, L.; v.Kármán, Th.) Berlin: Springer 1930, 162

[9] Weise, A.: Die Herzkurvenmethode zur Behandlung von Verdichtungsstößen. Festschrift Lilienthalges. zum 70. Geburtstag von L. Prandtl (1945)

[10] Richter, H.: Die Stabilität des Verdichtungsstoßes in einer konkaven Ecke. ZAMM 28 (1948) 341 - 345

[11] Oswatitsch, K.: Der Luftwiderstand als Integral des Entropiestromes. Nachr. Ges. Wiss. Göttingen, math.-phys. Kl., 1 (1945) 88 - 90

[12] Oswatitsch, K.: Physikalische Grundlagen der Strömungslehre. In: Handbuch d. Physik, Bd. VIII/1. Berlin: Springer 1959, 1 - 124

[13] Zierep, J.: Theorie und Experiment bei schallnahen Strömungen. In: Übersichtsbeiträge zur Gasdynamik (Hrsg. E.Leiter; J.Zierep). Wien: Springer 1971, 117 - 162

[14] Ackeret, J.: Luftkräfte an Flügeln, die mit größerer als Schallgeschwindigkeit bewegt werden. Z. Flugtechn. Motorluftsch. 16 (1925) 72 - 74

[15] Busemann, A.: Aerodynamischer Auftrieb bei Überschallgeschwindigkeit. Volta Kongr. (1936) 329 - 332

[16] Prandtl, L.: Neue Untersuchungen über strömende Bewegung der Gase und Dämpfe. Phys. Z. 8 (1907) 23 - 30

[17] Meyer, Th.: Über zweidimensionale Bewegungsvorgänge in einem Gas, das mit Überschallgeschwindigkeit strömt. Diss. Göttingen 1908; VDI-Forsch.-Heft 62 (1908)

[18] Zierep, J.: Ähnlichkeitsgesetze und Modellregeln der Strömungslehre. 3. Aufl. Karlsruhe: Braun 1991

[19] v. Kármán, Th.: The similarity law of transonic flow. J. Math. Phys. 26 (1947) 182 - 190

[20] Zierep, J.: Der Kopfwellenabstand bei einem spitzen, schlanken Körper in schallnaher Überschallanströmung. Acta Mechanica 5 (1968) 204 - 208

[21] Oswatitsch, K.; Rothstein, W.: Das Strömungsfeld in einer Laval-Düse. Jb. dtsch. Luftfahrtforschung I (1942) 91 - 102

[22] Zierep, J.: Theoretische Gasdynamik. 3. Aufl. Karlsruhe: Braun 1976

[23] Guderley, K.G.: The flow over a flat plate with a small angle of attack. J. Aeronaut. Sci. 21 (1954) 261 - 274

[24] Guderley, K.G.; Yoshihara, H.: The flow over a wedge profile at Mach number 1. J. Aerosp. Sci. 17 (1950) 723 - 735

[25] Woerner, M.; Oertel, H.jr.: Numerical calculation of supersonic nozzle flow. Applied Fluid Mechanics (Festschrift zum 60. Geburtstag von Herbert Oertel). Karlsruhe: Universität Karlsruhe 1978, 173 - 183

Allgemeine Literatur zu Kapitel 4

Becker, E.: Technische Thermodynamik. Stuttgart: Teubner 1985

Küchemann, D.: The aerodynamic design of aircraft. Oxford: Pergamon 1978

Prandtl, L.; Oswatitsch, K.; Wieghardt, K.: Führer durch die Strömungslehre. 9. Aufl. Braunschweig: Vieweg 1990

Schlichting, H.: Grenzschicht-Theorie. 8. Aufl. Karlsruhe: Braun 1982

Walz, A.: Strömungs- und Temperaturgrenzschichten. Karlsruhe: Braun 1966

Zierep, J.: Strömungen mit Energiezufuhr. 2. Aufl. Karlsruhe: Braun 1990

Spezielle Literatur zu Kapitel 4

[1] Koppe, M.: Der Reibungseinfluß auf stationäre Rohrströmungen bei hohen Geschwindigkeiten. Ber. Kaiser-Wilhelm-Ges. für Strömungsforschung (1944)

[2] Oswatitsch, K.: Grundlagen der Gasdynamik. Wien: Springer 1976, 107 - 112

[3] Frössel, W.: Strömungen in glatten geraden Rohren mit Über- und Unterschallgeschwindigkeit. Forsch. Ingenieurwes. 7 (1936) 75 - 84

[4] Leiter, E.: Strömungsmechanik, Band I. Braunschweig: Vieweg 1978, 78 - 86

[5] Becker, E.: Technische Thermodynamik. Stuttgart: Teubner 1985, 155 - 163

[6] Naumann, A.: Luftwiderstand von Kugeln bei hohen Unterschallgeschwindigkeiten. Allg. Wärmetechnik 4 (1953) 217 - 221

[7] Oswatitsch, K.: Ähnlichkeitsgesetze für Hyperschallströmungen. ZAMP 2 (1951) 249 - 264

[8] Albring, W.: Angewandte Strömungslehre. 4. Aufl. Dresden: Steinkopf 1970

[9] v. Kármán, Th.; Tsien, H.S.: Boundary layer in compressible fluids. J. Aerosp. Sci. 5 (1938) 227 - 232

[10] Zierep, J.: Theoretische Gasdynamik. 3. Aufl. Karlsruhe: Braun 1976

[11] Hantzsche, W.; Wendt, H.: Zum Kompressibilitätseinfluß bei der laminaren Grenzschicht der ebenen Platte. Jb. dtsch. Luftfahrtforschung I (1940), 517 - 521

[12] Tsien, H.S.: Similarity laws of hypersonic flows. J. Math. Phys. 25 (1946) 247 - 251

[13] Hayes, W.D.; Probstein, R.F.: Hypersonic flow theory. New York: Academic Press 1959, 362

[14] Zierep, J.: Ähnlichkeitsgesetze und Modellregeln der Strömungslehre. 3. Aufl. Karlsruhe: Braun 1991

[15] Lawaczeck, O.: Der Europäische Transsonische Windkanal (ETW). Phys. Bl. 41 (1985) 100 - 102

[16] Eberle, A.: A new flux extrapolation scheme solving the Euler equations for arbitrary 3-D geometry and speed. Firmenbericht MBB/LKE 122/S/PUB/140 (Ottobrunn 1984)

[17] Rotta, J.: Turbulente Strömungen. Stuttgart: Teubner 1972

[18] Walz, A.: Strömungs- und Temperaturgrenzschichten. Karlsruhe: Braun 1966

[19] Bohning, R.; Zierep, J.: Der senkrechte Verdichtungsstoß an der gekrümmten Wand unter Berücksichtigung der Reibung. ZAMP 27 (1976) 225 - 240

[20] Jameson, A.: Acceleration of transonic potentialflow calculations on arbitrary meshes by the multiple grid method. AIAA, 4th Computational Fluid Dynamics Conference, Williamsburg, VA, AIAA-Paper 79 - 1458 (July 1979)

[21] Lock, R.C.: Prediction of the drag of wings of subsonic speeds by viscous/inviscid interaction techniques. In: AGARD Report 723 (1985)

[22] Dohrmann, U.; Schnerr, G.: Persönliche Mitteilung 1990

[23] Rizzi, A.; Viviand, H. (Eds.): Numerical methods for the computation of inviscid transonic flows with shock waves. (Notes on numerical fluid mechanics, Vol. 3), Braunschweig: Vieweg 1981

[24] Jameson, A.; Yoon, S.: Multigrid solution of the Euler equations using implicit schemes. AIAA J. 24 (1986) 1737 - 1743

[25] Schnerr, G.; Dohrmann, U.: Lift and Drag in Nonadiabatic Transonic Flows. 22nd Fluid Dynamics, Plasma Dynamics and Lasers Conference, Honolulu, Hawaii, June 24 - 26, 1991

[26] AGARD Report 211 (1985). Test cases for inviscid flow field methods.

[27] Dargel, G.; Thiede, P.: Viscous transonic airfoil flow simulation by an efficient viscous-inviscous interaction method. (25th Aerospace Sciences Meeting: Viscous Transonic Airfoil Workshop. Reno, Nev., 1987) AIAA Paper 87-0412, 1 - 10

[28] Fung, K.Y.; Sobieczky, H.; Seebass, A.R.: Shock-free wing design. AIAA J. 18 (1980) 1153 - 1158

[29] Sobieczky, H.: Verfahren für die Entwurfsaerodynamik moderner Transportflugzeuge. DFVLR Forschungsber. 85-05 (1985)

[30] AGARD-R-761 (1989). Special Course on Aerothermodynamics of Hypersonic Vehicles.

[31] Küchemann, D.: The Aerodynamic Design of Aircraft. New York: Pergamon Press 1978

[32] Liepmann, H.W.; Roshko, A.: Elements of Gasdynamics. New York, London: John Wiley 1957

[33] Lighthill, M.J.: Dynamics of a Dissociating Gas. Part I. Equilibrium Flow. J. Fluid Mechanics 2 (1957)

[34] Oertel, H.jr.: Berechnungen und Messungen der Dissoziationsrelaxation hinter schief reflektierten Stößen in Sauerstoff. Diss. Univ. Karlsruhe 1974

Namen- und Sachverzeichnis

Ablation 191
Abraham F.F. 105, 208
Achenbach E. 208
Ackeret J. 126, 211
Ackeret-Formel 139, 150, 153, 154, 180
Ähnlichkeitsbetrachtungen 41
AGARD,
  Advisory Group Aeronautical Research and Development 188
Albring W. 213
d'Alembertsche Lösung 149
d'Alembertsches Paradoxon 31
Anstellung 36
Anstellungseffekt 148, 151
Apollo-Kapsel 191
Archimedisches Prinzip 6
Armstrong R.G. 203
Atmosphäre, isotherme 7
Aufpunkt 33
Auftrieb 32, 137, 188
Auftriebs-beiwert 32, 102, 151, 170
− -kraft 31

Bateman H. 208
Becker E. 203, 204, 210, 212, 213
Beeinflussung, passive 187
Bénard-Zellen 59
Bernoulli-Gleichung 12, 150
Betrachtung,
−, teilchenfeste 9

−, massenfeste 9
Betz A. 205, 207
Betz-Zahl 81
Bird R.B. 203, 205
Blasius H. 71, 83
Blasius-Profil 73
Blockierung 165
Böhme G. 203
Bohning R. 214
Boltzmann-Konstante 196
Boussinesq-Approximation 61
Bühler K. 205, 210
Bürger W. 203
Buran 191
Burg K. 205
Busemann A. 211
Busemann-Polare 132
Busemannsches Stoßpolaren-
  diagramm 154

Carlson, L.A. 188
Carnot-Diffusor 89, 90, 94
Cauchyscher Hauptwert 35
Charakteristiken 148, 149, 152
− -gleichung 156
Cochran W.G. 112
Colebrook C.F. 83
Concorde 191

D'Ans, Lax 203
Dargel G. 215
Dickeneffekt 33, 36, 151
− -einfluß 148

Diffusor 76, 77, 93
dilatant 5
Dipol 28
Dissipation 14
Dissipations-funktion 39
— -rate 67
Dissoziation 192
Dissoziations-grad 196
— -vorgänge 189, 194
Dohrmann U. 188, 214
Drehmoment 51
Dreischichtenmodell 185
Drosselklappe 96, 97
Druck,
— -abfall 49
—, dynamischer 16
—, Gesamt- 16
— -koeffizient 26, 35
— -kraft 76
— -rückgewinnungsfaktor 92
—, Ruhe- 16
—, statischer 16
— -verlust 14, 82
— -verlustzahl 91, 92
— -widerstand 102, 187
Dryden H.L. 208
Düse 77, 93
Düsenströmungen 156
Durchflußzahl 19
Durchmesser, hydraulischer
 85, 171

Eberle A. 214
Eck B. 208
Eckert-Zahl 40
Eichelberg G. 210
Eigentemperatur 175
Eigenwertspektrum 62

Einfluß, katalytischer 194
Einflußgrenze 163, 168
Einfrierungseigenschaft 163, 175
Einlaufstrecke 87
Einschußgeschwindigkeit 191
elliptisch 148
Energie,
— -gleichung 56
—, innere 14
— -satz 13, 121, 172
Enthalpie 13
Epizykloide 153
Epizykloiden-Diagramm 154
Eppler R. 204
Erhaltungsgleichung
— für Impuls 38
— für Masse 38
— für thermische Energie 38
Euler-Gleichungen 147, 185
— -Zahl 40
Eulersche Bewegungsgleichung
 23
— Differentialgleichung 12
— Methode 9
— Turbinengleichung 110
Europäischer Transsonik Kanal,
 ETW 183

Fallgeschwindigkeit 57
Felsch K.O. 206
Fließkurve 5
Formparameter 70
Fourier-Zahl 40
Frank W. 209
Freistrahl 21
Frössel W. 213
Froude-Zahl 40
Fuhrmann G. 208

Fung K.Y. 215
Funktion, komplexe 26

Ganzer U. 210
Gasblase 58
Gaseffekte, reale 189
Gaskonstante,
–, individuelle, spezielle 1, 125
–, universelle 125
Gasoberflächenwechselwirkung 194
Geropp D. 206, 208, 209
Gersten K. 204, 207
Gesamtwiderstand 187
Gesamtzirkulation 36
Geschwindigkeit, mittlere 49
Geschwindigkeitspotential 24, 148
Gilles A. 211
Gleichgewichts-Hugoniot-Kurve 196
Görtler-Wirbel 59
Grenz-Machlinie 163, 168
Grenzschichttheorie 68
–, Impulssatz der 69
Grenzschichtprobleme 101
Grundgleichung, gasdynamische 148
Guderley K.G. 212

Haftbedingung 68
Hagen G. 83
Halbkugel 108
Haltekraft 76
Hantelmodell 194, 195
Hantzsche W. 213
Harnett J.P. 207
Hassager O. 203

Hayes W.D. 213
Helmholtz H.v. 24
Hermes 191
Herning F. 207
Herzkurve 134
Hodographen-Ebene 132, 153
Hoerner S.F. 208
Holstein-Bohlen 70
Hopf L. 211
Hornung H.G. 209
Hotol, horizontal
  take-off and landing 191
Hugoniot H. 210
Hugoniot-Kurve 196, 197
–, gefrorene 196
hyperbolisch 148
Hyperschall 127, 141, 153, 175
– -flug 189
– -strömungen 134, 148, 160, 182

Impuls-erhaltungsgleichungen 54
– -kraft 76
– -satz 74, 120, 171
– -verlustdicke 69
Instabilitäten 59
Ionisation 192
Ionisationsvorgänge 189
Irvine T.F. 207
isentrop 2
isobar 2
isochor 2
isotherm 2

Jameson A. 188, 214
Joukowski N.E. 205
Jung R. 207

Namen- und Sachverzeichnis

Kanal 166
– -wand 166
Kármán Th.v. 112, 210, 213
Kármánsche Wirbelstraße 59
Kármánscher Parameter 165, 180
Kartesisches Blatt 133
Kavität 187
Kegel 108
Keildüse 159
Kennzahlen 39
Keune F. 205
Kirchartz K.R. 206
Knudsen-Zahl 182, 192
Knudsenschicht 194
Koenig K. 209
Kompressibilität 171
Kontinuität 23
Kontinuitäts-bedingung 171
– -gleichung 11, 54, 147
Kontinuumsströmungen 182
Kontraktion 92
Kontraktionszahl 90
Kontrollraum 75
Koppe M. 172, 213
Koschmieder E.L. 206
Kreisringplatte 108
Kreisscheibe, 108
–, quergestellte 105
–, längs angeströmte 105
Kreisscheiben 109
Kreiszylinder, längs angeströmt 109
Krümmer 77, 94
–, Flachkant- 94
–, Hochkant- 95
–, Kreisrohr- 95
–, Rechteck- 95
Kryowindkanal 41, 182

Küchemann D. 212, 215
Kugel, rotierende 56
– -umströmung 175
– -koordinaten 54
Kutta W. 205
Kutta-Joukowski-Formel 31, 37

Lagrange 9
Lamb H. 208
Landolt-Börnstein 203
Laplace-Gleichung 24
Laval-Düse 140, 142, 144, 156, 158
– mit zwei Einschnürungen 146
Lavaldüsen-Lösung 167
– -strömung 143, 168
Lawaczek O. 214
Leder A. 208
Leiter E. 211, 213
Leistungsaufnahme 182
Liepmann H.W. 215
Lightfoot E.N. 205
Lighthill M.J. 215
Lighthill-Gas 196
Lock R.C. 214
Lösungsverfahren, zonale 185
London A.L. 207
Ludwieg H. 209

Mach, E. 126
Mach-Zahl 2, 126
–, kritische 141, 165
–, molekulare 190
Machsche Linien 148, 149
– Winkel 152
Manometer 17
Mauch H. 209
Massenerhaltung 119

Maximalgeschwindigkeit 140
Medien,
–, Newtonsche 5
–, nicht-newtonsche 5
Merker G.P. 205
Meyer Th. 211
Milne-Thomson L.M. 205
Mittelwert, zeitlicher 63
Moody-Colebrook-Diagramm 84, 85, 87, 173
Müller E.A. 112, 209
Müller W. 207
Murnaghan F.D. 208

National Transonic Facility, NTF 183
Naumann A. 213
Naumann-Diagramm 175
Navier-Stokessche Gleichungen 41, 48, 54
Newtonsches Modell 175
Nikuradse J. 207
Norm-blenden 96, 98
– -düsen 96, 98

Oertel H.jr. 206, 212, 215
Orbit 191
Oseen C.W. 105
Oswatitsch K. 130, 138, 172, 203, 204, 205, 206, 210, 211, 212, 213

Parabelzweieck 35, 36, 139, 151
parabolisch 148
Parallelstrahldüse 158, 159
Parallelströmung 28
Péclet-Zahl 40
Piltz E. 204

Pitotrohr 17, 129
Plancksches Wirkungsquantum 196
Platte,
–, angestellte 151
–, gewölbte 151
–, längs angeströmte 101
–, quergestellte 101
Plattengrenzschicht 71, 175
Pohlhausenparameter 70
– -verfahren 70
Poiseuille J.L. 83
Polynomlösung 167
Potential 24, 28
– -gleichung 185
–, komplexes 28
– -linien 25
– -strömung 24, 28
– -wirbel 15, 16, 52
Prandtl L. 65, 72, 83, 203, 204, 205, 211, 212
– -Glauert-Transformationen 165
– -Glauertsche Regel 150
– -Meyer-Expansion 155, 165
– -Relation 133
– -Zahl 40
Prandtlsche Grenzschichtgleichungen 68
Prandtlscher Mischungswegansatz 64
Prandtlsches Staurohr 17, 18
Probstein R.F. 213
Profil-stäbe 109
– -umströmung 160
Pumpen 14, 110

Quantentheorie 195

Namen- und Sachverzeichnis

quasistationär 21
Quelle 26, 28, 34
Quellpunkt 33
Querkraft 137
Querschnitt, nicht-
   kreisförmiger 86

Rankine W.J. 210
Rankine-Hugoniot-Relation 123
Rauhigkeit 73
Rayleigh L. 210
Rayleigh-Bénard Instabilität 60
Rayleigh-Formel 129
– -Gerade 124, 196, 197
– -Prozeß 196
– -Zahl 60
Rechteckplatte 108
Recovery-Faktor 175
Reibung 171
Reibungs-beiwert, lokaler 71
– -widerstand 102, 184
Rekombinationsvorgang 194
Relaxations-vorgänge 189
– -zeit 194
Reynoldssche Zerlegung 63
Reynolds-Zahl 40
Reynoldsscher Spannungstensor
   64
RH-Kurve 123
rheopex 5
Rhombusprofil 184
Richter H. 208, 211
Rizzi A. 214
Rodi W. 206
Rohr-einlaufströmung 87, 88
– -hydraulik 96
– -reibungszahl 82, 88
– -strömung 49, 171

– -strömung, turbulente 67
– -verengung 90
Roshko A. 209, 215
Rotation 23, 189
Rotations-freiheitsgrad 194
– -körper 104
Rothstein W. 212
Rotta J. 214
Rouse H. 208
Ruhedichteabnahme 130
Ruhedruckabnahme 129, 130
Ruhegrößen 128
Rybczynski W. 206

Sänger 191
Satellit 191
Satz von Stokes 23
Sawatzki O. 112, 209
Schall-anströmung 163
– -geschwindigkeit 125
– -geschwindigkeit, kritische 132
– -linie 163, 168
– -nähe 141, 153
Scheibe,
–, frei rotierende 112
–, im Gehäuse rotierende 118
Scheinspannungen, turbulente
   64
Scherströmung 4
Schewe G. 208
Schieber 96, 97
Schlichting H. 204, 205, 212
Schmidt E. 203
Schmierspalt, hydrodynamischer
   46
Schneider W. 205, 206
Schnerr G. 214

Schub-kraft 78
– -spannung 4
– -spannungsverteilung 50, 51
Schultz-Grunow F. 209
Schwankungsgröße 63
Schwingung 189
Schwingungs-anregung 192
– -freiheitsgrad 194
Seebass A.R. 215
Senke 26, 28, 34
Shah R.K. 207
Signalgeschwindigkeit 125
Singularitätenverfahren 33
Sobieczky H. 215
Sockel H. 209
Space-Shuttle 191, 193
Spaltweite 113
Spannungsmodell, algebraisches 67
Sprenger H. 207
SST, Supersonic Transportation 191
Starrkörperrotation 16
Staupunkt 27
Staustrahltriebwerk 130
Staustromlinie 27
Steiggeschwindigkeit 58
Stewart W.E. 205
Störungen, kleine 148
Stoffdaten 3
Stokes G.G. 105
Stokessche Kugelumströmung 57
– Schichtenströmung 42, 101
Stokessches Problem 46
Stoß, schiefer 130
–, senkrechter 126
Stoß-Grenzschicht-Interferenz 178, 186

Stoß-Grenzschicht-Interferenz-Parameter 182
Stoß-abstand 165
– -diffusor 130
– -gleichungen 121
– -lage 165
Strahlkontraktion 89, 91
– -triebwerk 78
Strömung,
–, Couette 42
–, instationäre 10
–, isoenergetische 14
–, laminare 42
–, Poiseuille 43
–, schallnahe 134, 162
–, stationäre 10
–, transsonische 134, 162
–, turbulente 63
Strömungs-ablösung 74
– -widerstand 82
Strom-fadentheorie 11, 139
– -funktion 24, 28
– -linie 9, 24
– -linienkörper 105
Strouhal-Zahl 40
Sutherland-Konstante 4
Synowietz C. 203

Tani J. 205
Tauchbehälter 21
Taylor G.I. 59, 209
Taylor-Wirbel 59
Taylor-Zahl 59, 113, 113
Teilchenbahn 9
Temperaturleitzahl 38
Thermometerproblem 179
Thiede P. 215

Namen- und Sachverzeichnis

Thomson 24
thixotrop 5
Tollmien-Schlichting Wellen 59
Torricellische Formel 20
Tragflügel 37
Translation 189
Translationsfreiheitsgrad 194
Trefftz-Ebene 137
Truckenbrodt E. 203, 204, 207
Tsien H.S. 213
Tsien-Parameter 179
Turbine 14, 110
Turbinenlaufrad 111
Turbulenz 59
− -energie 67
− -grad 64
− -modell, k-ϵ 66

Überschallgebiet, lokales 162
Umströmungsprobleme 101
Unterschallgebiet, lokales 163
Unterschicht, viskose 65

Ventil 97
Venturirohr 18, 96, 98
Verdrängungsdicke 69
Verhalten, pseudoplastisches 5
Verteilung, isotrope 67
Volumenstrom 11
Viskosität 3
−, dynamische 4
−, kinematische 4
Viviand H. 214

Wärme-kapazität, spezifische 38
− -leistung 13
− -leitfähigkeit 38
− -strom 38

Walz A. 70, 206, 212, 214
Wandrauhigkeiten 85
Wandschubspannungs-
  geschwindigkeit 65
Wechselwirkung 181
Weglänge, mittlere freie 182
Weise A. 211
Welle, einfache 156
Wellenwiderstand 138, 150, 184
Wendt H. 213
White F.M. 204
Widerstand 32, 137, 188, 189
−, induzierter 138
Widerstandsbeiwert 32, 102
  151, 170
− prismatischer Körper 103
− von Rotationskörpern 106
Widerstandszahl 171
Wiedereintritt 189
Wiedereintrittstrajektorie 191,
  193
Wieghardt K. 203, 204, 205, 212
Wimmer M. 206, 209
Windenergieanlage 80
Windschattenproblem 107
Wirbel 14, 28
Wirbelfreiheit 148
Wölbung 36
Wölbungseffekt 151
Woerner M. 212

Yoshihara H. 212
Yoon S. 214

Zierep J. 203, 204, 205, 206, 210,
  211, 212, 213, 214
Zirkulation 23, 30, 31

Zustands-gleichung 171
— -änderungen 2
Zylinderkoordinaten 48
Zylinderumströmung 28, 30, 31

Technische Mechanik

Band 1
D. Gross, W. Hauger, W. Schnell
Statik

3. Aufl. 1990. VIII, 203 S. 172 Abb. Brosch. DM 29,80
ISBN 3-540-53017-7

Band 2
W. Schnell, D. Gross, W. Hauger
Elastostatik

3. Aufl. 1990. VIII, 231 S. 137 Abb. Brosch. DM 29,80
ISBN 3-540-53018-5

Band 3
W. Hauger, W. Schnell, D. Gross
Kinetik

3. Aufl. 1990. VIII, 256 S. 150 Abb. Brosch. DM 29,80
ISBN 3-540-53019-3

„... Die Darstellung ist sehr übersichtlich, auf das Wesentliche konzentriert und durch Zeichnungen hoher Qualität hervorragend illustriert. Die Autoren empfehlen dem Leser (sehr zu Recht) eine aktive Mitarbeit, wozu mit zahlreichen Beispielen ausreichend Gelegenheit und Anreiz gegeben ist. Ein Student, der diese Mühe nicht scheut, wird großen Gewinn aus der Durcharbeitung dieses Lehrbuches ziehen. Die neuen Bände können allen Studierenden des Bauingenieurwesens besonders empfohlen werden. *Bauingenieur*

HÜTTE
Die Grundlagen der Ingenieurwissenschaften

Herausgeber: H. Czichos

29., völlig neubearb. Aufl. 1989. Korr. Nachdruck. 1990. XLV, 1407 S. 1586 Abb. Geb. DM 98,-
ISBN 3-540-19077-5

Aus den Besprechungen: „Die Hütte" einen Klassiker der Technik zu nennen, wäre sicher berechtigt – würde aber dessen Aktualität nicht gerecht werden. Generationen von Studenten, Ingenieuren, Technikern – allen, die mit Technik beruflich oder wie auch immer zu tun hatten, war sie ein treues, fast unersetzliches Nachschlagewerk. Daß es auch in Zukunft so bleiben wird, dafür haben Herausgeber und 24 Autoren alles zusammengetragen und auf den aktuellsten Stand gebracht, was „die Grundlagen der Ingenieurwissenschaften" ausmachen. Der Maschinenbauer in der Getriebeentwicklung etwa, der längst vergessen hat, was er im Studium über Regelungstechnik gelernt hat, wird genauso eine zuverlässige Antwort finden, wie der Funkamateur, der sich die Fundamente der Hochfrequenztechnik erarbeiten möchte.
Kurzum: Ein Standardwerk der Technik, das demjenigen, der verständliche, prägnante Erklärungen sucht, eine ganze Bibliothek ersetzen kann."

Springer-Verlag
Berlin
Heidelberg
New York
London
Paris
Tokyo
Hong Kong
Barcelona
Budapest

VDI-Nachrichten

MIX
Papier aus verantwortungsvollen Quellen
Paper from responsible sources
FSC® C105338

If you have any concerns about our products,
you can contact us on
ProductSafety@springernature.com

In case Publisher is established outside the EU,
the EU authorized representative is:
**Springer Nature Customer Service Center GmbH
Europaplatz 3, 69115 Heidelberg, Germany**

Printed by Libri Plureos GmbH
in Hamburg, Germany